Knobloch

Simultane Anpassung der Produktion

neue betriebswirtschaftliche forschung

Unter diesem Leitwort gibt GABLER jungen Wissenschaftlern die Möglichkeit, wichtige Arbeiten auf dem Gebiet der Betriebswirtschaftslehre in Buchform zu veröffentlichen. Dem interessierten Leser werden damit Monographien vorgestellt, die dem neuesten Stand der wissenschaftlichen Forschung entsprechen.

Band 1 Dr. André Bebié
Käuferverhalten und Marketing-Entscheidung

Band 2 Dr. Peter M. Rudhart
Stillegungsplanung

Band 3 Prof. Dr. Bernd Schauenberg
Zur Logik kollektiver Entscheidungen

Band 4 Prof. Dr. Dr. Christian Kirchner
Weltbilanzen

Band 5 Prof. Dr. Jörg Biethahn
Optimierung und Simulation

Band 6 Dr. Werner Eckert
Konsument und Einkaufszentren

Band 7 Prof. Dr. Wolfgang Ballwieser
Kassendisposition und Wertpapieranlage

Band 8 Dr. Christoph Lange
Umweltschutz und Unternehmensplanung

Band 9 Dr. Harald Schmidt
Bilanzierung und Bewertung

Band 10 Prof. Dr. Matthias Lehmann
Eigenfinanzierung und Aktienbewertung

Band 11 Prof. Dr. Helmut Schmalen
Marketing-Mix für neuartige Gebrauchsgüter

Band 12 Dr. Christoph Oltmanns
Personalleasing

Band 13 Prof. Dr. Laurenz Lachnit
Systemorientierte Jahresabschlußanalyse

Band 14 Dr. Gert Rehwinkel
Erfolgsorientierte Reihenfolgeplanung

Band 15 Dr. Rainer-Michael Maas
Absatzwege – Konzeptionen und Modelle

Band 16 Dr. Kurt Göllert
Sozialbilanzen – Grundlagen im geltenden Recht

Band 17 Prof. Dr. Ulrich Krystek
Krisenbewältigungs-Management und Unternehmensplanung

Band 18 Prof. Dr. Reinhard H. Schmidt
Ökonomische Analyse des Insolvenzrechts

Band 19 Prof. Dr. Horst Glaser
Liquiditätsreserven und Zielfunktionen in der kurzfristigen Finanzplanung

Band 20 Prof. Dr. Wolfgang von Zwehl/ Dr. Wolfgang Schmidt-Ewing
Wirtschaftlichkeitsrechnung bei öffentlichen Investitionen

Band 21 Dr. Marion Kraus-Grünewald
Ertragsermittlung bei Unternehmensbewertung

Band 22 Dr. Heinz Kremeyer
Eigenfertigung und Fremdbezug unter finanzwirtschaftlichen Aspekten

Band 23 Prof. Dr. Karl Kurbel
Software Engineering im Produktionsbereich

Band 24 Dr. Hjalmar Heinen
Ziele multinationaler Unternehmen

Band 25 Dr. Karl Heinz Weis
Risiko und Sortiment

Band 26 Dr. Manfred Eibelshäuser
Immaterielle Anlagewerte in der höchstrichterlichen Finanzrechtsprechung

Band 27 Dr. Wolfgang Fritz
Warentest und Konsumgüter-Marketing

Band 28 Dr. Peter Wesner
Bilanzierungsgrundsätze in den USA

Band 29 Dr. Hans-Christian Riekhof
Unternehmensverfassung und Theorie der Verfügungsrechte

Band 30 Dr. Wilfried Hackmann
Verrechnungspreise für Sachleistungen im internationalen Konzern

Band 31 Prof. Dr. Günther Schanz
Betriebswirtschaftslehre und Nationalökonomie

Band 32 Dr. Karl-Heinz Sebastian
Werbewirkungsanalysen für neue Produkte

Band 33 Dr. Mark Ebers
Organisationskultur: Ein neues Forschungsprogramm?

Fortsetzung am Ende des Buches

GABLER

Thomas Knobloch

Simultane Anpassung der Produktion

GABLER

CIP-Titelaufnahme der Deutschen Bibliothek

Knobloch, Thomas:
Simultane Anpassung der Produktion /
Thomas Knobloch. – Wiesbaden: Gabler, 1990
(Neue betriebswirtschaftliche Forschung; Bd. 66)
Zugl.: Köln, Univ., Diss., 1989

NE: GT

Der Gabler Verlag ist ein Unternehmen der Verlagsgruppe Bertelsmann International.

Lektorat: Gudrun Knöll

ISBN-13: 978-3-409-13014-1 e-ISBN-13: 978-3-322-87971-4

DOI: 10.1007/978-3-322-87971-4

GELEITWORT

Die vorliegende Arbeit knüpft an eine jüngere produktions- und kostentheoretische Diskussion über das Zusammenwirken der beiden Variablen "Zeit" und "Leistungsgrad" in Modellen der Optimalanpassung an Beschäftigungsschwankungen an. Insbesondere durch einen Beitrag von Helmut Koch in der 'Zeitschrift für Betriebswirtschaft' (1980) wurde die Aufmerksamkeit auf Fälle gleichzeitiger zeitlicher und intensitätsmäßiger Anpassung (statt des sukzessiven Einsatzes beider Instrumente, der für die "Gutenberg-Funktion" charakteristisch ist) gelenkt. Eine derartige "Simultananpassung" kann bei zeitabhängigen, kinetischen Input-Gesetzmäßigkeiten nachgewiesen werden, die in anderem Zusammenhang als "dynamische Potentiale" oder "Warm"- bzw. "Heißlauf"-Vorgänge von technischen Systemen erfaßt und beschrieben wurden. Die vorliegende Schrift widmet sich nun einer Übertragung dieser Ein-Maschinen-Simultananpassung auf den Mehr-Maschinen-Fall, d.h. sie erweitert das Anpassungsinstrumentarium bei zeitvariablen Faktorverbräuchen um die quantitative Anpassung.

Bei der modellanalytischen Behandlung bedient sich der Verfasser eines sehr anschaulichen Spezialfalls, nämlich eines mit der Zeit quadratisch - also überproportional - wachsenden Faktorverbrauchs, um das "Heißlaufen", d.h. das immer unergiebiger werdende Arbeiten der Anlage, abzubilden. Diese Vereinfachung beeinträchtigt dabei nicht die Aussagekraft der hergeleiteten Optimalanpassungspfade, vor allem im Vergleich einer Reihe von Fallunterscheidungen, die durch spezifische Prämissen getroffen werden (Zeit- und/oder Intensitätsober- und -untergrenzen, Ausschluß von zeitlicher bzw. intensitätsmäßiger Anpassung usw.).

Besonders beachtenswerte Modellvarianten werden mit der Durchdringung einiger Spezialannahmen verfolgt. Hierbei ist vor allem die Berücksichtigung von Fällen der Aggregatstillegung und -wiederinbetriebnahme sowie diskreter Leistungsgradvariation zu nennen. In Analogie zum Intensitätssplitting wird sehr plausibel von einem "Prozeßsplitting" gesprochen, sobald die Anlage - zur

Vermeidung von Heißlauferscheinungen - aus- und später wieder eingeschaltet wird. Dabei läßt sich ein Optimum an Schaltvorgängen ermitteln, wenn neben Heißlauf- auch Schaltkosten berücksichtigt werden.

Die Arbeit eröffnet im Rahmen der zeitbezogenen Produktionstheorie und -politik ein weitgestecktes Diskussions- und Arbeitsfeld, auf das sich sowohl Theorieinteressen der quantitativen Modellierung als auch Anwendungsfragen der kostenpolitischen Optimierung konzentrieren werden. So liefert die Schrift einen wertvollen Beitrag zur produktionstheoretischen Forschung.

THEODOR ELLINGER

VORWORT

Die vorliegende Monographie wurde im Sommer 1989 von der Wirtschafts- und Sozialwissenschaftlichen Fakultät der Universität zu Köln unter dem Titel "Simultane Anpassungsprozesse mehrerer Produktionsanlagen" als Dissertation angenommen.

Mein herzlicher Dank gilt allen, die bei der Erstellung der Arbeit und der sich anschließenden Veröffentlichung mitgewirkt haben.

Namentlich hervorheben möchte ich zunächst meine akademischen Lehrer, Herrn Prof. Dr.-Ing. Dr. Theodor Ellinger und Herrn Prof. Dr. Reinhold Hömberg, sowie Herrn Priv.-Doz. Dr. Reinhard Haupt, die für kritische Diskussionen jederzeit zur Verfügung standen und deren wertvolle Unterstützung über einen rein fachlichen Gedankenaustausch weit hinausging.

Außerhalb der Universität waren mir die persönlichen Gespräche mit Herrn Dipl.-Stat. Alfons Höschen eine große Hilfe.

Besonderen Dank schulde ich schließlich meinen Eltern, ohne deren Förderung meines gesamten bisherigen Lebensweges die vorliegende Arbeit nicht denkbar wäre.

THOMAS KNOBLOCH

INHALTSVERZEICHNIS

SYMBOL- UND ABKÜRZUNGSVERZEICHNIS

1. Variable und Konstanten

A	-	Wachstumspfadkonstante
D	-	Aggregatverschleiß (Abschreibungen)
$\underline{E}$	-	Einheitsmatrix
F	-	allgemeine Abbildungsvorschrift
$\underline{G}$	-	Gesamtbedarfsmatrix
I	-	originärer Input
$\underline{I}$	-	Spaltenvektor des originären Inputs
K	-	Produktionskosten
$\underline{K}$	-	Spaltenvektor der Produktionskosten
L	-	mengenmäßige Lagerbestandsdifferenz
M	-	absatzbestimmte Produktionsmenge
$\underline{M}$	-	Spaltenvektor des absatzbestimmten Produktionsprogramms
$\underline{P}$	-	diagonale Preismatrix
Q	-	Ersatzfunktion
R	-	Gesamtverbrauch
R^+	-	Menge positiver reeller Zahlen
$\underline{R}$	-	Matrix der Verbrauchsfunktionen (Direktbedarfsmatrix)
T	-	Technologiemenge
V	-	technisches Verschleißstadium
$\underline{V}$	-	Produktionsverfahren
X	-	Gesamtproduktion
$\underline{X}$	-	Matrix der stellenspezifischen Gesamtproduktion
a	-	konstanter Faktor
b	-	konstanter Faktor
c	-	konstanter Faktor
d	-	technischer Leistungsgrad
e	-	konstanter Faktor
g	-	Gesamtbedarfskoeffizient
k	-	mengenspezifische Kosten
ls	-	Lohnssatz
ms	-	Maschinenstundensatz
o	-	Ersatzvariable
p	-	Faktorpreis
$\underline{p}$	-	Preisvektor
q	-	Ersatzvariable
r	-	Verbrauchsfunktion (Direktbedarfskoeffizient)
t	-	Beschäftigungszeit(raum)
u	-	Einflußgröße
v	-	0/1-Schaltvariable
w	-	Optimierungsfunktion (Prozeßsplitting)

x	-	ökonomischer Leistungsgrad
y	-	konstanter Faktor
z	-	z-Situation
$\underline{z}$	-	Vektor der z-Situationen
Δ	-	Differenz
λ	-	Lagrangescher-Multiplikator
α	-	konstanter Faktor
β	-	konstanter Faktor
γ	-	konstanter Faktor
∂	-	partielle Differentiation
$\in$	-	Elementzeichen
τ	-	Beschäftigungszeitpunkt

2. Indizes

2.1 Niedriggestellte Indizes

A	-	Anzahl der Absatzstellen
An	-	Anlauf
B	-	Anzahl der Beschaffungsstellen
H	-	Anzahl der Faktorarten
I	-	Anzahl betriebsbereiter Produktionsanlagen
P	-	Anzahl der Produktionsstellen
St	-	Stillstand
U	-	Anzahl der Splittingprozesse
a	-	Laufindex der Absatzstellen (a=1,...,A)
b	-	Laufindex der Beschaffungsstellen (b=1,...,B)
e	-	effizient
h	-	Laufindex der Faktorarten (h=1,...,H)
i	-	Laufindex der Produktionanlagen (i=1,...,I)
p	-	Laufindex der Produktionsstellen (p=1,...,P)
u	-	Laufindex des Prozeßsplittings (u=1,...,U)

2.2 Hochgestellte Indizes

A	-	Modell A
Ak	-	verfahrenskritische Menge [Modell A]
AZ	-	Intervallanfang zeitvariabler Faktorkosten
B	-	Modell B
Bb	-	verfahrenskritische Mengen [Modell B] (b=1,...,6)
Bt	-	Betriebsstoffe
C	-	Modell C
Ck	-	verfahrenskritische Menge [Modell C]
D	-	Modell D
Dd	-	verfahrenskritische Mengen [Modell D] (d=1,...,6)
E	-	Modell E

Ek - verfahrenskritische Menge [Modell E]

EW - Ende des Warmlaufintervalls

EZ - Intervallende zeitvariabler Faktorkosten

F - Modell F

Ff - verfahrenskritische Mengen [Modell F] (f=1,...,5)

G - - bei Kostenfunktionen: Grundkomponente

\- - bei Minimalkostenpfaden: Modell G

Gg - verfahrenskritische Mengen [Modell G] (g=1,...,4)

H - Modell H

Hh - verfahrenskritische Mengen [Modell H] (h=1,...,4)

K - Korrekturkomponente

KH - heißlaufinduzierte Korrekturkomponente

KW - warmlaufinduzierte Korrekturkomponente

L - Lagrange-Funktion

M - Maschinen

O - objektbezogene Arbeit

P - Prozeßsplitting

c - konstant

d - derivativ

h - höherer

m - modifiziert

max - maximal

min - minimal

n - niedriger

o - originär

opt - optimal

sp - Intensitätssplitting

0 - Nullstelle

(n) - Partialprozeß [n {1,2,3,4,5,6}]

3. Abkürzungen

3.1 Abkürzungen im laufenden Text

Abb. - Abbildung

AS - Absatzstelle(n)

BS - Beschaffungsstelle(n)

Diss.- Dissertation

EM - erweitertes Modell

FS - Fertigungsstelle(n)

GPS - Grenzrate der Parametersubstitution

LP - Lineares Programm

ME - Mengeneinheit

PS - Produktionsstelle(n)

S. - Seite

SM - Standardmodell
ZE - Zeiteinheit
a.A. - andere(r) Ansicht
d.h. - das heißt
f. - folgende
ff. - fortfolgende
ggf. - gegebenenfalls
u. - und
vgl. - vergleiche
z.T. - zum Teil

3.2 Ankürzungen von Zeitschriften und Sammelwerken

BFuP - Betriebswirtschaftliche Forschung und Praxis
HWB - Handwörterbuch der Betriebswirtschaft
HWO - Handwörterbuch der Organisation
HWProd - Handwörterbuch der Produktionswirtschaft
HWR - Handwörterbuch des Rechnungswesens
HWV - Handwörterbuch der Volkswirtschaft
HdWW - Handwörterbuch der Wirtschaftswissenschaft
MS - Management Science
WiSt - Wirtschaftswissenschaftliches Studium
WiSu - Das Wirtschaftsstudium
ZfB - Zeitschrift für Betriebswirtschaft
ZfbF - Zeitschrift für betriebswirtschaftliche Forschung
ZfhF - Zeitschrift für handelswissenschaftliche Forschung

4. Schreibweise

$\underline{\ }$ - Vektor-/Matrix-Schreibweise

Indexierung:
Sofern ein Index Verwendung findet, der nicht explizit in diesem Verzeichnis aufgeführt ist, handelt es sich um eine Kombination oben definierter Indizes.

Beispiel: x^{opt-A} bezeichnet einen optimalen Leistungsgrad im Modell A.

ABBILDUNGSVERZEICHNIS

1. Einführung

1.1 Problemstellung und Anlage der Arbeit

Die Produktions- und Kostentheorie hat sich intensiv mit dem Problem der kurzfristigen Anpassung der Produktion an Änderungen der Beschäftigungslage, d.h. der unterschiedlichen Auslastung betrieblicher Kapazitäten[1] infolge von schwankenden Absatzmengen[2], befaßt und modellhafte Empfehlungen für den kostenminimalen Einsatz der Produktionsanlagen einer Unternehmung entwickelt.

Hierbei basiert die Planung[3] des Anlageneinsatzes grundsätzlich auf zuvor gut strukturierten Entscheidungssituationen, d.h. die Planungsprobleme können hinreichend präzise formuliert werden und die Stellgrößen der Planung (Planungsparameter) sowie ihre funktionalen Abhängigkeiten sind dem Unternehmen bekannt[4].

Die dem Erfordernis flexibler Produktionsbedingungen folgenden faktormengenbezogenen[5] Kapazitätsanpassungen[6] können sich sowohl auf die Leistungsquerschnitte ("Kapazitanz")[7] der Aggregatsysteme als auch auf deren Leistungsbereitschaft beziehen, wobei für die genannten Komponenten des quantitativen Potentials jeweils zwischen einer zeitlichen und einer räumlichen Dimension differenziert wird[8].

---

1 Vgl. Layer (Kapazität) Sp. 871 ff.; Steffen (Kapazitäten) S. 173 ff.; Lücke (Kapazität) S. 381 ff.; Zäpfel (Instrumente) S. 523; Ötting (Beitrag).

2 Vgl. Haupt (Anpassung) S. 393.

3 Der Begriff der "Planung" beschreibt ein zukunftsorientiertes gestalterisches Denken. Vgl. Adam (Planung) S. 484; Roski (Einsatz) S. 13; Koch (Planung) Sp. 3003, Ellinger (Produktionsplanung) S. 307; Ellinger (Produktionsdurchführung) Sp. 1602.

4 Vgl. Adam (Planung) S. 485. Zur Produktionsplanung unter Ungewißheit vgl. Bartmann (Produktionsplanung) S. 187 ff.

5 KERN nennt darüberhinaus auch qualitative Möglichkeiten der Anpassung, die z.B. "präzisionale" oder "variationale" Potentiale betreffen und sich im ersten Fall auf die Leistungsqualität einer Anlage bzw. im zweiten Fall auf die Bandbreite ihrer Umrüstungen beziehen. Vgl. Kern (Industrielle Produktionswirtschaft) S. 22.

6 Vgl. auch Lücke (Probleme) S. 354 ff.

7 Vgl. Kern (Industrielle Produktionswirtschaft) S. 20.

8 Vgl. Haupt (Anpassung) S. 393 f.; Haupt/Knobloch (Anpassungsprozesse) S. 504 f.

Kapazitätskomponente: \ Dimension:	Zeitlich	Räumlich
Leistungsquerschnitt ("Kapazitanz")	"zeitliche Anpassung"	"quantitative Anpassung"
Leistungsbereitschaft	"intensitätsmäßige Anpassung"	"Output-variabiblität"
Faktormengenbezogene Kapazitätsanpassungen		

Abbildung 1

Die kapazitive Flexibilität der Aggregate[9] sowie die daraus resultierenden Strategien zur Minimierung der Produktionskosten werden in der produktions- und kostentheoretischen Literatur für bestimmte Modellannahmen ausführlich erörtert[10], wobei die kombinierten Anpassungsprozesse mit KOCH[11] in Abhängigkeit von zeitkonstanten oder zeitvariablen Inputkategorien als "sukzessiv" oder "simultan"[12] bezeichnet werden[13].

Die vorliegende Arbeit diskutiert erstmals kurzfristige simultane Anpassungsprozesse für mehrere funktionsgleiche kostenverschiedene Produktionsanlagen infolge beschäftigungszeitvariabler Faktoreinsätze und verknüpft dabei produktionstheoretische Erklärungsmodelle mit kostentheoretischen Entscheidungsmodellen.

Da für die Untersuchung des Anlageneinsatzes lediglich die Entwicklung der planungsrelevanten Modellgrößen im Zeitablauf von Bedeutung ist und deren "intertemporaler Kausalzusammenhang"[14] nicht weitergehend erörtert wird, kann im folgenden auch von einer "kinetischen"[15] Modellkonzeption gesprochen werden[16].

---

9 Vgl. Behrbohm (Flexibilität) S. 104 ff.; Horvath/Mayer (Flexibilität) S. 71.
10 Vgl. dazu ausführlich Abschnitt 3 der Arbeit.
11 Vgl. Koch (Analyse) S. 957 ff.
12 Zu einem erweiterten Begriff der "Simultanität" vgl. Abschnitt 1.2.
13 Vgl. Koch (Analyse) S. 960 ff.
14 Vgl. Lücke (Kostentheorie) S. 310 f.
15 Vgl. Förstner/Henn (Produktionstheorie) S 13; Ellinger/Haupt (Produktionstheorie) S. 51 f.; Haupt (Produktionstheorie) S. 56 f.
16 Daneben ist auch eine "dynamische" Betrachtungsweise der Zeitabhängigkeit der Produktion möglich,

Die betrieblichen Kapazitäten werden bei kurzfristigem Planungshorizont als nicht disponierbar betrachtet; der Aspekt multipler und mutativer Betriebsgrößenvariation entfällt infolgedessen.

Betrachtungsobjekt der modellhaften Analyse des kostenminimalen Anpassungsverhaltens sind einstufige Fertigungsprozesse eines Industriebetriebs, wie sie auch GUTENBERG[17] seinen Ausführungen zugrundelegt. Besonderheiten einer Dienstleistungsunternehmung oder der landwirtschaftlichen Produktion finden keine Berücksichtigung.

Ebenso kann die Outputvariabilität[18] außer Betracht gelassen werden, da diese aufgrund ihrer Ausrichtung auf spezielle Produktionsbedingungen[19] im Bereich der Fertigungsindustrie weitgehend von untergeordneter Bedeutung ist[20].

Ausgangspunkt der kostentheoretischen Erörterungen zum Aggregateinsatz ist der für industrielle Fertigungsvorgänge grundsätzlich als repräsentativ akzeptierte[21] produktionstheoretische Ansatz GUTENBERGs. Aufgrund unterschiedlicher Prämissenkonstellationen sind jedoch modellspezifische Modifikationen erforderlich.

---

wobei dann jedoch eine auf verschiedene Zeitpunkte bezogene funktionale Verknüpfung der Planungsvariablen diskutiert wird. Vgl. Frisch (Notion) S. 100; Lücke (Kostentheorie) S. 310 ff.; Ellinger/Haupt (Produktionstheorie) S. 51 f.; Förstner/Henn (Produktionstheorie) S. 11 ff.; Haupt (Produktionstheorie) S. 56. Zur dynamischen Produktionstheorie siehe auch die Ausführungen von LUHMER und STÖPPLER. Vgl. Luhmer (Produktionsprozesse); Stöppler (Produktionstheorie).

17 Vgl. Gutenberg (Grundlagen).

18 Unter der Outputvariabilität ist eine optionale "variable Auslastung des Raums einer Kapazität" zu verstehen. Vgl. Ellinger/Haupt (Produktionstheorie) S. 169.

19 Insbesondere in der chemischen Industrie kommt es für Chargenproduktionen durch unterschiedliche Auslastungen, z.B. von Behälterfüllgraden zur Outputvariabilität. Ähnliche Phänomene sind auch bei der Fertigung von Kuppelprodukten zu beobachten. Vgl. Ellinger/Haupt (Produktionstheorie) S. 169.

20 Vgl. auch Haupt/Knobloch (Anpassungsprozesse).

21 Vgl. Schaefer (Allgemeingültigkeit) S. 315 ff.

Im Anschluß an diese Einführung in die Thematik werden im zweiten Kapitel produktions- und kostentheoretische Grundlagen hergeleitet, soweit diese für das Verständnis der weiteren Ausführungen erforderlich sind.

Das dritte Kapitel gibt einen Überblick über die in der Literatur bisher diskutierten Anpassungsmodelle und nimmt eine modelltheoretische Einordnung der Arbeit vor.

Nach einigen Anmerkungen zur zeitlichen Gliederung eines industriellen Produktionsprozesses wird im vierten Kapitel zunächst ein konzeptioneller Ansatz zur Erfassung zeitvariabler Faktorkosten formuliert. Anschließend werden - in Abhängigkeit von bestimmten Faktoreinsatzgesetzmäßigkeiten - charakteristische Kostenfunktionen beschäftigungszeitvariabler Kostenarten hergeleitet sowie deren unterschiedliche Verläufe dargestellt.

Gegenstand des fünften Kapitels ist eine Modellanalyse zur Simultananpassung von zunächst zwei Produktionsanlagen, welche im Falle zeitlicher Anpassung überproportional wachsende Kostenverläufe der einzelnen Aggregatsysteme voraussetzt. Hierbei wird zunächst ein Anpassungsprozeß mit höchstmöglichen Freiheitsgraden der Produktion (Modell A) diskutiert.

Die schrittweise Berücksichtigung beschränkter aggregatspezifischer Planungssparameter - als Nebenbedingungen der Güterproduktion - führt anschließend zu modifizierten Strategien der Simultananpassung, die sich mit Hilfe der Marginalanalyse oder der Dynamischen Programmierung herleiten lassen (Modelle B-I).

Die Diskussion möglicher Erweiterungen der Modellanalyse um die Aspekte eines aggregatspezifischen "Prozeßsplittings", nichtstetiger Leistungsgradvariationen, unterschiedlicher aggregatspezifischer Prämissenkonstellationen sowie die Einbeziehung von mehr als zwei Produktionsanlagen in den Planungsansatz beenden diese Ausführungen.

Im sechsten Kapitel werden die wichtigsten Ergebnisse der Arbeit zusammenfassend dargestellt und Anknüpfungspunkte für weitergehende Erörterungen simultaner Anpassungsstrategien aufgezeigt.

1.2 Der Begriff der Simultanität der Anpassung

Wird als "Anpassung" grundsätzlich jede reaktive Verhaltensänderung auf geänderte Umweltbedingungen bezeichnet[22], sind betriebliche Anpassungsprozesse somit das Resultat einer Sequenz von Anpassungshandlungen, die ihrerseits auf bestimmte Anpassungsentscheidungen der Unternehmensleitung zur Nutzung betrieblicher Leistungspotentiale zurückzuführen sind[23].

Erfordert die kostenminimale Produktion alternativer Ausbringungsmengen eine gleichzeitige Anpassung mehrerer Planungsparameter eines einzelnen Aggregatsystems, wird dieser Vorgang - im Gegensatz zu anderen aus der Literatur bekannten Anpassungsprozessen - als "simultan" charakterisiert[24] (Simultananpassung i.e.S).

Die vorliegende Arbeit geht über diese enge terminologische Abgrenzung hinaus und interpretiert im folgenden eine "parallele" Variation mehrerer aggregatverschiedener Planungsgrößen ebenfalls als Simultananpassung (i.w.S.), da auch in diesem Fall wenigstens zwei "Einsatzmerkmale"[25] der Produktionsanlagen zugleich angepaßt werden.

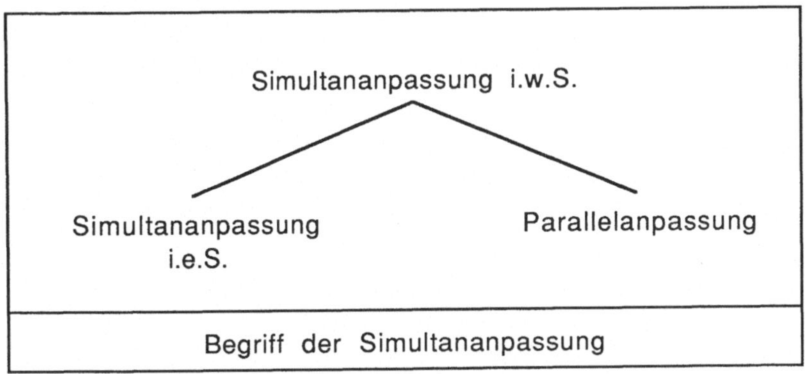

Abbildung 2

22 Vgl. Leiderer (Anpassungsentscheidungen) S. 13 ff.

23 Vgl. Gutenberg (Rückblick) S. 1164; Leiderer (Anpassungsentscheidungen) S. 13 ff.; Mellwig (Anpassungsfähigkeit) S. 12 ff.

24 Vgl. Koch (Analyse) S. 993; Ellinger/Haupt (Produktionstheorie) S. 137.

25 Vgl. Koch (Anpassung) S. 960.

Infolgedessen bezeichnet diese Arbeit den als "sukzessiv"[26] bekannten Standardfall der kombinierten zeitlich-intensitätsmäßig-selektiven Anpassung von zwei Aggregatsystemen ebenso als simultan, weil auch hier - nach Erreichen der aggregatspezifischen Zeitobergrenzen - für bestimmte Produktmengen eine parallele intensitätsmäßige Anpassung beider Anlagen[27] notwendig wird.

26 Vgl. Koch (Anpassung) S. 960.
27 Vgl. Ellinger/Haupt (Produktionstheorie) S. 151.

2. Produktions- und kostentheoretische Grundlegung

2.1 Aufgaben der Produktions- und Kostentheorie

Betrachtungsgegenstand der Produktionstheorie ist die Produktion, d.h. die Erstellung materieller oder immaterieller Güter (Output) durch Kombination produktiver Faktoren (Input)[1]. Die Input- und Outputseite kann dabei mengen- wie wertmäßig dimensioniert sein[2].

Die Produktionstheorie hat dabei primär die Aufgabe, Beziehungen zwischen den Produktionsfaktoren und den im Kombinationsprozeß erstellten Produktionsmengen zu erklären sowie die Einflußgrößen des damit verbundenen Faktorverbrauchs aufzuzeigen[3].

Da sich die produktionstheoretische Analyse oftmals nicht eindeutig von der Behandlung bestimmter Probleme der Produktionsplanung - z.B. der Produktionsprozeßplanung - trennen läßt[4], erfüllt die Produktionstheorie in diesen Fällen darüberhinaus auch eine Dispositionsfunktion[5].

Die Kostentheorie baut auf den Erklärungsmodellen der Produktionstheorie auf, indem sie diese auf der Inputseite um den Wertaspekt erweitert[6].

Aufgabe der Kostentheorie ist es, zunächst die Art der ex-post- oder ex-ante-Abhängigkeit der realisierten oder zu realisierenden Kosten eines Bezugsobjektes von den einwirkenden Kosteneinflußgrößen zu erläutern[7]. Im Rahmen dieser Erklärungsfunktion der Kostentheorie[8] steht die begründende Darstellung der zugrundeliegenden

---

1 Vgl. Buffa (Management) S. 34 f.; Haupt (Produktionstheorie) S. 3; Kistner (Produktionstheorie) S. 13; Gutenberg (Grundlagen) S. 298; Albach (Forschung) S. 1215; Roski (Einsatz) S. 7; Adam (Produktionspolitik) S. 1.

2 Vgl. Haupt (Produktionstheorie) S. 3 u. S. 23 f.

3 Vgl. Adam (Produktionspolitik) S. 1 f.; Haupt (Produktionstheorie) S. 3; Kilger (Produktionstheorie) S. 553; Lücke (Produktionstheorie) Sp. 1619.

4 Vgl. Adam (Interpretationen) S. 149; Küpper (Interdependenzen).

5 Fandel (Stand) S. 87. Dazu kritisch: Jobs (Produktionsfunktionen).

6 Vgl. Adam (Produktionspolitik) S. 2.

7 Vgl. Dörner (Plankostenrechnungen) S. 56; Heinen/Sievi (Kostentheorie) Sp. 974.

8 Vgl. Schroer (Produktionstheorie) S. 14 f.

gesetzmäßigen Abhängigkeiten und nicht die absolute Höhe der Kosten im Vordergrund[9].

Bei zuvor zu definierender unternehmerischer Zielsetzung[10] hat die Kostentheorie darüberhinaus die Aufgabe, eine im Rahmen des betrachteten Entscheidungsmodells zieloptimale - z.B. kostenminimale - Alternative aus der Menge aller Handlungsalternativen eines Entscheidungsträgers zu bestimmen (Dispositionsfunktion)[11].

Diese Aufgabe liegt in der Existenz disponierbarer Kosteneinflußgrößen (Freiheitsgrade) begründet, d.h. in der Möglichkeit der Einflußnahme auf die Ausprägung der zuvor definierten Einflußgrößen[12].

In der Literatur[13] wird z.T. explizit auch eine Prognosefunktion der Kostentheorie erwähnt, die sich aus einer ex-ante-Betrachtung der Produktionskosten ergibt[14].

Produktions- und Kostentheorie legen infolgedessen die Grundlagen für eine zielorientierte Produktionsplanung[15], d.h. für die deskriptive Kostenrechnung[16] und die dispositive Produktions- und Kostenpolitik[17].

Aus den genannten Aufgaben der Produktions- und Kostentheorie resultieren zugehörige theoretische Modelle, welche sich ihrer Zielsetzung entsprechend den

---

9 Vgl. Dörner (Plankostenrechnungen) S. 56; Roski (Einsatz) S. 8.

10 Vgl. auch Hamel (Zielvariation) S. 739 ff.; Hax (Bewertungsprobleme) S. 749 ff.

11 Vgl. Heinen (Kostenlehre) S. 145 ff; Schroer (Produktionstheorie) S. 15; Dörner (Plankostenrechnungen) S. 56 f.

12 Vgl. Dörner (Plankostenrechnungen) S. 55 f.

13 Vgl. Dörner (Plankostenrechnungen) S. 56, Heinen/Sievi (Kostentheorie) Sp. 974, Meffert (Beziehungen) S. 72 ff.; Ellinger/Haupt (Produktionstheorie) S. 4.

14 Die Prognosefunktion kann als spezielle Ausprägung der oben erwähnten Erklärungsfunktion betrachtet werden, wenn davon ausgegangen wird, daß der Begriff der "Erklärung" sowohl eine ex-post als auch eine ex-ante Betrachtung zuläßt.

15 Vgl. Fandel (Stand) S. 86; Ellinger/Haupt (Produktionstheorie) S. 4.

16 Vgl. Kilger (Grundlage) S. 553 ff.; Kilger (Grundlagen) S. 679 ff.

17 Vgl. Ellinger/Haupt (Produktionstheorie) S. 4; Schroer (Produktionstheorie) S. 9 f.

allgemeinen Modellausprägungen[18] zuordnen lassen[19].

Für die vorliegende Arbeit liefert die Produktionstheorie insbesondere das Mengengerüst zeitlinearer und zeitvariabler Faktoreinsätze. Die kostentheoretischen Zusammenhänge bilden die Grundlage für die später zu diskutierenden Anpassungsmodelle mehrerer Produktionsanlagen.

2.2 Produktionsfunktionen als Modelle mengenmäßiger Input-Output-Beziehungen

2.21 Technologiemenge und Produktionsfunktion

Die "Technologie" oder "Technologiemenge" T beschreibt die Menge aller Input-Output-Kombinationen, welche aufgrund ihres technischen Wissens von einer Unternehmung alternativ realisierbar sind[20].

Bezeichnet der Vektor $\underline{V}$ ein dem Unternehmen bekanntes Produktionsverfahren[21], so ergibt sich für die Technologiemenge[22]

$$T = \{ \underline{V} \mid \underline{V} = (I_1, \ldots, I_H) \},$$

wobei $\underline{V}$ i.d.R. durch die Verfügbarkeit der notwendigen Produktionsfaktoren I_h (h=1,...,H) beschränkt wird[23].

Unter dem Aspekt der Wirtschaftlichkeit[24] sind jedoch

18 Allgemein werden in der Wissenschaftstheorie drei Modellausprägungen unterschieden: 1. Beschreibungs- oder Deskriptionsmodelle, 2. Erklärungs- oder Explikationsmodelle sowie 3. Gestaltungs-, Entscheidungs- oder Dispositionsmodelle. Vgl. Ellinger/Haupt (Produktionstheorie) S. 3; Hammann (Entscheidungsmodelle) S. 457 ff; Matthes (Optimierung) S. 103 ff.

19 Ellinger/Haupt (Produktionstheorie) S. 3 f.; Roski (Einsatz) S. 14 f.

20 Vgl. Fandel (Produktion S. 25 u. S. 37 f.; Fandel (Stand) S. 88 f.; Fandel (Erfassung) S. 57; Wittmann (Produktionsfunktion) S. 278; Ellinger/Haupt (Produktionstheorie) S. 11; Haupt (Produktionstheorie) S. 13.

21 Vgl. Kabrede (Theorie) S. 3; Uebe (Produktionstheorie) S. 18.

22 Vgl. Fandel (Produktion) S. 37; Fandel (Erfassung) S. 58; Stöppler (Produktionstheorie) S. 30 ff.

23 Vgl. Fandel (Produktion) S. 25.

24 Zum Begriff der Wirtschaftlichkeit vgl. Behrbohm (Flexibilität) S. 92; Castan (Wirtschaftlichkeit)

grundsätzlich nur die jeweils effizienten Produktionsverfahren von Bedeutung[25].

Eine Input-Output-Kombination $\underline{V}_e$ heißt dann effizient, wenn für $\underline{V}_e$ in der Technologiemenge T keine alternative Produktion existiert, welche gleiche bzw. höhere Produktmengen mit geringeren bzw. denselben Faktoreinsätzen ermöglicht.[26]

Die Menge aller effizienten Produktionsverfahren wird als effiziente Technologie T_e bezeichnet[27].

$$T_e = \{\underline{V}_e \mid \underline{V}_e = \text{effizientes Produktionsverfahren}\}$$

Über die Einführung des Effizienzbegriffes läßt sich im folgenden die Verbindung zwischen Technologiemenge und Produktionsfunktion herstellen.

Produktionsfunktionen bilden Beziehungen zwischen den im Produktionsprozeß eingesetzten Realgütermengen der Inputfaktoren I_h und den Quantitäten produzierter Güter X_f der Produktartart f (f=1,...,F) einer Wirtschaftseinheit formal ab[28].

Diese Abhängigkeiten lassen sich auf unterschiedliche Weise mathematisch formulieren[29].

Sp. 6366; Hartmann-Wendels (Wirtschaftlichkeit) S. 188; siehe auch Waffenschmidt (Produktion) S. 66 ff.

25 Vgl. Fandel (Produktion) S. 25 f.; Fandel (Stand) S. 88.

26 Vgl. Wittmann (Produktionsfunktion) S. 279; Wittmann (Produktionstheorie) S. 6 f.; Fandel (Erfassung) S. 62; Kistner (Aktivitätsanalyse) S. 146; Wittmann (Grundzüge) S. 20; siehe auch Färe/Hunsaker (Efficiency) S. 240 ff.; Byrnes/Färe/Grosskopf (Efficiency) S. 673 ff.; Barlow/Hunter (Efficiency) S. 43 ff.

27 Vgl. Wittmann (Produktionsfunktionen) S. 279; Wittmann (Produktionstheorie) S. 7. Zur Abgrenzung der Begriffe "Effizienz" und "Effektivität" vgl. Corsten (Effizienz) S. 54.

28 Vgl. Adam (Produktionspolitik) S. 9 ff.; Raffée (Grundprobleme) S. 179; Ellinger/Haupt (Produktionstheorie) S. 9; Haupt (Produktionstheorie) S. 12; Gutenberg (Grundlagen) 302 f.; Dano (Models) S. 10 ff.; Frisch (Theory) S. 41 ff.; Klaus (Produktionstheorie) S. 15; Shepard (Cost Functions) S. 3 f.; Scheibler (Produktionslehre) S. 113; Wohltmann/Roski (Planungsmöglichkeiten) S. 731 ff.

29 Vgl. Küpper (Produktionsfunktionen) S. 129; Lücke (Produktionstheorie) Sp. 1622; Ellinger/Haupt (Produktionstheorie) S. 9; Bohr (Produktions-

(1) Implizite Darstellung:

$$F(I_1,\ldots,I_H,X_1,\ldots,X_F) = 0$$

(2) Inputorientierte Darstellung:

$$(X_1,\ldots,X_F) = F(I_1,\ldots,I_H)$$

(3) Outputorientierte Darstellung:

$$(I_1,\ldots,I_H) = F(X_1,\ldots,X_F)$$

Mit dem Begriff der Produktionsfunktion ist dabei implizit die Prämisse der paretooptimalen[30] Produktion verbunden, da nur die effizienten aller technisch möglichen Produktionen betrachtet werden[31].

Eine Produktionsfunktion ist somit die effiziente Untermenge (effizienter Rand) der zugehörigen Technologiemenge[32].

In Abhängigkeit von der Variabilität des Sachziels[33] und des Potentialfaktorbestands einer Unternehmung lassen sich grundsätzlich "Ex-post-Produktionsfunktionen"[34]

---

funktionen) S. 456.; Laßmann (Produktionsfunktion) S. 18; Zschocke (Produktionsmodelle) Sp. 1557. Für die inputorientierte Darstellung finden sich auch die Bezeichnungen "Produkt-" bzw. "Ertragsfunktion", für die outputorientierte Darstellung die Bezeichnungen "Faktor-", "Aufwands-" oder "Produktorfunktion". Vgl. Haupt (Produktionstheorie) S. 12; Wittmann (Produktionstheorie) S. 9.

30 Vgl. Möschel (Effizienz) S. 342.

31 Vgl. Fandel (Erfassung) S. 62; Kabrede (Theorie) S. 4 f.; Koopmans (Production) S. 33 ff; Carlson (Study) S. 14 f.; Haupt/Klee (Produktionsplanung) S. 341; Wittmann (Produktionstheorie) S. 10.

32 Vgl. Fandel (Erfassung) S. 62; Ellinger/Haupt (Produktionstheorie) S. 11; Haupt (Produktionstheorie) S. 11; Förstner (Produktionsfunktionen) S. 269 ff.; Wittmann (Produktionstheorie) S. 2 ff.; Krelle (Produktionstheorie) S. 5 ff.; Eichhorn (Theorie) S. 9 f.

33 Das Sachziel gibt die von einem Unternehmen zu erstellenden Outputarten nach Art, Menge, Qualität und zeitlicher Verteilung vor. Vgl. Corsten (Betriebswirtschaftslehre) S. 51 f.; Dörner (Plankostenrechnungen) S. 14; Kloock (Produktion) S. 253; Kosiol (Unternehmung) S. 212.

34 Ex-post-Produktionsfunktionen (=kurzfristige Produktionsfunktionen) setzen ein fixiertes Sachziel und einen konstanten Potentialfaktorbestand

sowie "Ex-ante-Produktionsfunktionen"[35] unterscheiden[36].

Aufgrund des kurzfristigen Planungshorizonts der betrachteten Anpassungsprozesse werden die langfristigen Produktionsfunktionen jedoch im folgenden nicht weiter diskutiert.

Ein ggf. auftretendes Meßproblem der Quantitäten des Gütereinsatzes[37] ist für die theoretische Analyse des kostenminimalen Anlageneinsatzes von untergeordneter Bedeutung und kann deshalb als gelöst betrachtet und vernachlässigt werden.

2.22 Allgemeiner Ansatz einer Produktionsfunktion

Das von Kloock[38] zur Darstellung betriebswirtschaftlicher Produktionsfunktionen (weiter-)entwickelte[39] Input-Output-Modell[40] kann als universelle Formulierung einer Produktionsfunktion einer Unternehmung allgemeine Gültigkeit beanspruchen[41].

Der Input-Output-Ansatz setzt zunächst voraus, daß für jeden möglichen Arbeitsgang im Produktionsprozeß eine

---

voraus. Vgl. Fischer (Anwendungen) S. 328 ff.; Kloock (Produktion) S. 253.

35 Ex-ante-Produktionsfunktionen (=langfristige Produktionsfunktionen) sind hingegen in ihren Rahmenbedingungen variabel. Vgl. Fischer (Anwendungen) S. 328 ff.; Kloock (Produktion) S. 253.

36 Vgl. Kistner (Betriebsmittel) S. 103.

37 Vgl. Luhmer (Produktionsprozesse) S. 17 ff.; Hoitsch (Produktionswirtschaft) S. 99 f.; Betge (Betriebsmittelkosten) S. 1260 f.; Kistner (Betriebsmittel) S. 104 ff.; Dörner (Plankostenrechnungen) S. 7 ff; siehe auch Klingel (Betriebsmittelkosten).

38 Vgl. Kloock (Input-Output-Modelle).

39 Ausgangspunkt für die Formulierung betrieblicher Input-Output-Modelle sind die Ausführungen von Leontief. Vgl. Leontief (Studies) S. 7 ff.; siehe auch Hoitsch (Produktionswirtschaft) S. 110 f.; Roski (Einsatz) S. 37.

40 Vgl. Eichhorn (Produktionstheorie) Sp. 1054 ff.; Gehrig (Analyse) S. 215 ff.; Köhler (Modelle) Sp. 2701 ff.; Küpper (Produktionsfunktion) S. 93 ff.; Müller-Merbach (Konstruktion) S. 19 ff.; Jensen/Hui/Chare (Model) S. 1197; Schumann (Analyse).

41 Vgl. Küpper (Modell) S. 492 ff.; Küpper (Produktionsfunktionen) S. 130; Haupt (Produktionstheorie) S. 13 u. S. 19; Kloock (Produktion) S. 277 f.

eigene Produktionsstelle[42] PS_p (p=1,...,P) definiert wird, wobei - funktionenspezifisch - zwischen Beschaffungsstellen BS_b (b=1,...,B), Fertigungsstellen FS_f (f=1,...,F) und Absatzstellen AS_a (a=1,...,A) differenziert wird[43].

Für die Anzahl P der Leistungsstellen gilt infolgedessen

$$P = B + F + A.$$[44]

Unter der Prämisse, daß in jeder Produktionsstelle ausschließlich eine Güterart beschafft, produziert oder abgesetzt wird[45], folgt dann[46]:

$$I_{b'} = \sum_{f=1}^{F} I_{b'f} + \sum_{a=1}^{A} I_{b'a}$$

- gesamte durch die b'-te Beschaffungsstelle bereitgestellte originäre Inputmenge einer Periode (mit: I_{bf}=von BS_b an FS_f gelieferte Menge, I_{ba}=von BS_b an AS_a gelieferte Menge),

42 Vgl. Bea/Kötzle (Ansätze) S. 567. Produktionsstellen bilden die unterste Ebene der Produktion, auf der sich quantitative Zuordnungen von Gütereinsatz und Güterfertigung analysieren lassen. Vgl. Schweitzer (Produktionsfunktionen) Sp. 1494. Zu den Abgrenzungskriterien dieser Stellen vgl. Kistner (Produktionstheorie) S. 114; Roski (Einsatz) S. 38.

43 Vgl. Haupt (Produktionstheorie) S. 14; Dinkelbach (Input-Output-Analyse) Sp. 751 u. Sp. 754; Küpper (Modell) S. 493.

44 Vgl. Kloock (Produktion) S. 253 f.; Haupt (Produktionstheorie) S. 14. Wird der Fall des Direktabsatzes von Handelswaren berücksichtigt, gilt P=B+F+A=2A, da ex definitione die externe Beschaffung nur von den Beschaffungsstellen und der externe Absatz nur von den Absatzstellen realisiert werden kann. Vgl. Haupt (Produktionstheorie) S.14; Kloock/Limmer (Matrizen) Sp. 1185.

45 Vgl. Kloock (Produktion) S. 254; Dinkelbach (Input-Output- Analyse) Sp. 754; Fandel (Stand) S. 90; Küpper (Produktionsfunktionen) S. 130.

46 Vgl. Kloock (Produktion) S. 254 f. In diesem Ansatz ist der Vollständigkeit halber der Absatz originärer und derivativer Inputfaktoren zunächst ebenfalls erfaßt.

$$Z_{f'} = \sum_{f=1}^{F} Z_{f'f}$$

- gesamte in der f'-ten Fertigungsstelle produzierte - derivative - Zwischenproduktmenge (nicht absatzbestimmte Outputmenge) einer Periode (mit: $Z_{f'f}$=von $FS_{f'}$ an FS_f gelieferte Zwischenproduktmenge),

$$M_{f'} = \sum_{a=1}^{A} M_{f'a}$$

- gesamte in der f'-ten Fertigungsstelle produzierte Endproduktmenge (absatzbestimmte Outputmenge) einer Periode (mit M_{fa}=von FS_f an AS_a gelieferte Produktion),

$$X_{f'} = Z_{f'} + M_{f'} + L_{f'}$$

- Gesamtproduktion der f'-ten Fertigungsstelle (mit L_f=Lagerbestandsmengenänderung in FS_f)[47].

Die folgende Abbildung soll diese Zusammenhänge verdeutlichen.

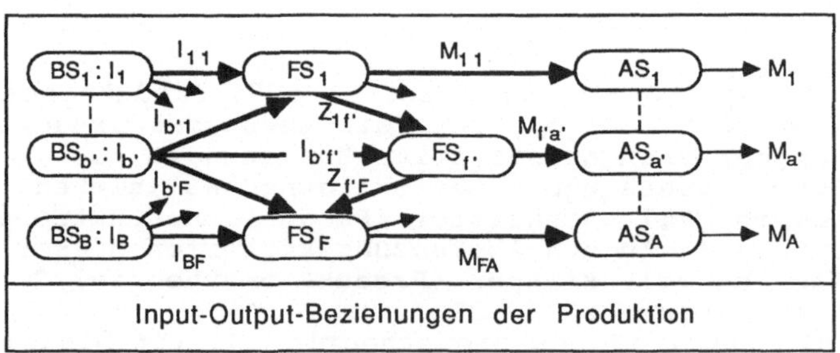

Input-Output-Beziehungen der Produktion

Abbildung 3

47 Bei Lagerbestandsänderungen ist die Größe X_f um die mengenmäßige Lagerbestandsdifferenz L_f = (Lagerendbestand$_f$ - Lageranfangsbestand$_f$) = Lagerzugang$_f$ - Lagerabgang$_f$) zu korrigieren. Die Lagerung erfolgt in den Produktionsstellen. Vgl. Kloock (Produktion) S. 254 f. Nachfolgend wird von einem konstanten Lagerbestand ausgegangen, d.h. die Größe L_f kann vernachlässigt werden. Neben einer mengenmäßigen Korrektur ist auch eine wertmäßige Korrektur des Lagerbestandes möglich, die jedoch für produktionstheoretische Modelle grundsätzlich ohne Bedeutung ist.

Zu den konstitutiven Elementen eines Input-Output-Modells gehören somit[48]

1. die P Produktionsstellen des Produktionsprozesses,

2. die zwischen den Produktionsstellen existierenden Güterbeziehungen,

3. die Verbrauchsfunktionen zur Erfassung elementarer oder kombinativer[49] Input-Output-Beziehungen sowie

4. die Lagerhaltungsbeziehungen.

Diese Zusammenhänge sollen nachfolgend weitergehend erörtert werden.

Verbrauchsfunktionen[50] beschreiben den funktionalen Zusammenhang zwischen den Input- und Output-Mengen für eine bestimmte Produktionsstelle[51].

Formal lassen sich Verbrauchsfunktionen in Abhängigkeit von ihren Einflußgrößen[52] $u_{p1},....,u_{pE}$ allgemein als

$$r_{hp} = r_{hp}\ (u_{p1},....,u_{pE})$$

darstellen[53], wobei die Größe r_{hp} den Faktorverbrauch (Faktoreinsatz) der Faktorart h der Produktionsstelle p je dort produzierter Leistungseinheit angibt[54].

---

48 Vgl. Kloock (Produktion) S. 275.

49 Elementare Input-Output-Beziehungen bilden insgesamt gleiche Produktionsverhältnisse ab. Da die Produktionsverhältnisse für alle Inputfaktoren einer Produktionsstelle jedoch nicht immer identisch sind, ergeben sich für diese Fälle kombinative Input-Output-Beziehungen als Kombinationen elementarer Input-Output-Relationen. Vgl. Kloock (Produktion) S. 260 f. und S. 274.

50 In der Literatur finden sich hierfür auch die Bezeichnungen "Faktoreinsatzfunktion", "Transformationsfunktion" oder "Mengenspezifische Verbrauchsfunktion". Vgl. Ellinger/Haupt (Produktionstheorie) S. 105; Kloock (Produktion) S. 262; Krycha (Produktionswirtschaft) S. 164.

51 Vgl. Dörner (Plankostenrechnungen) S. 47; Kloock (Produktion) S. 262. Zur Ermittlung von Verbrauchsfunktionen vgl. Haberbeck (Ermittlung).

52 Vgl. Laßmann (Einflußgrößenrechnung) Sp. 427 ff.

53 Vgl. Kloock (Produktion) S. 262; Lücke (Kostentheorie) S. 61; Roski (Einsatz) S. 47.

54 Vgl. Adam (Produktionspolitik) S. 73 ff.; Kloock (Produktion) S. 262.

Für die stellenspezifischen originären und derivativen Inputmengen $I_{b'f}$ und $Z_{f'f}$ ergibt sich daraus:[55]

$$I_{b'f} = r_{b'f}(u_{f1},...,u_{fE})\cdot X_f ,$$

$$Z_{f'f} = r_{f'f}(u_{f1},...,u_{fE})\cdot X_f .$$

Da sämtliche Güterflüsse zwischen den Produktionsstellen in den oben aufgestellten Definitionsgleichungen vollständig erfaßt sind, folgt für den allgemeinen Ansatz eines betriebswirtschaftlichen Input-Output-Modells dann[56]:

1. originärer Input der Beschaffungsstelle b' (b'=1,...,B)

$$I_{b'} = \sum_{f=1}^{F} r_{b'f}(u_{f1},...,u_{fE})\cdot X_f + \sum_{a=1}^{A} I_{b'a}$$

2. derivativer Input der Fertigungsstelle f' (f'=1,...,F)

$$Z_{f'} = \sum_{f=1}^{F} r_{f'f}(u_{f1},...,u_{fE})\cdot X_f .$$

Bei Verwendung der Matrixform lassen sich diese Beziehungen darstellen als[57]:

$$\begin{bmatrix} I_1 \\ \cdot \\ \cdot \\ I_{b'} \\ \cdot \\ \cdot \\ I_B \end{bmatrix} = \begin{bmatrix} r_{11}^{\circ} & \dots & r_{1F}^{\circ} \\ \cdot & & \cdot \\ \cdot & & \cdot \\ \dots & r_{b'f}^{\circ} & \dots \\ \cdot & & \cdot \\ \cdot & & \cdot \\ r_{B1}^{\circ} & \dots & r_{BF}^{\circ} \end{bmatrix} \cdot \begin{bmatrix} X_1 \\ \cdot \\ \cdot \\ X_{f'} \\ \cdot \\ \cdot \\ X_F \end{bmatrix} + \begin{bmatrix} \sum_{a=1}^{A} I_{1a} \\ \sum_{a=1}^{A} I_{b'a} \\ \sum_{a=1}^{A} I_{Ba} \end{bmatrix}$$

<=>

$$\underline{I} = \underline{R}^{\circ}\cdot\underline{X} + \underline{I}_a ,$$

55 Vgl. Kloock (Produktion) S. 262.

56 Vgl. Kloock (Produktion) S. 276; Dörner (Plankostenrechnungen) S. 49 ff.

57 Vgl. Kloock (Input-Output-Modelle) S. 68 ff.; Bea/Kötzle (Ansätze) S. 567 f.; Haupt (Produktionstheorie) S. 14 ff.

$$\begin{bmatrix} X_1 \\ \cdot \\ \cdot \\ X_{f'} \\ \cdot \\ \cdot \\ X_F \end{bmatrix} = \begin{bmatrix} r_{11}^d & \cdots & r_{1F}^d \\ \vdots & & \vdots \\ \cdots & r_{f'f}^d & \cdots \\ \vdots & & \vdots \\ r_{F1}^d & \cdots & r_{FF}^d \end{bmatrix} \cdot \begin{bmatrix} X_1 \\ \cdot \\ \cdot \\ X_{f'} \\ \cdot \\ \cdot \\ X_F \end{bmatrix} + \begin{bmatrix} \sum_{a=1}^{A} M_{1a} \\ \sum_{a=1}^{A} M_{f'a} \\ \sum_{a=1}^{A} M_{Fa} \end{bmatrix}$$

<=>

$$\underline{X} = \underline{R}^d \cdot \underline{X} + \underline{M},$$

mit:

$\underline{I}$ = Spaltenvektor der originären Inputmengen,
$\underline{R}$ = Matrix der stellenspezifischen Verbrauchsfunktionen,
$\underline{X}$ = Spaltenvektor der stellenspezifischen Beschäftigung der Fertigungsstellen und
$\underline{M}$ = Spaltenvektor des absatzbestimmten Produktionsprogramms.

Die quadratische Matrix $\underline{R}$ wird in der Literatur als "Direktverbrauchs-" oder "Direktbedarfsmatrix", ihre Elemente als "Direktbedarfskoeffizienten" bezeichnet[58].

Die Auflösung des Gleichungssystems für den derivativen Input nach $\underline{X}$ führt zu[59]

$$\begin{bmatrix} X_1 \\ \cdot \\ \cdot \\ X_{f'} \\ \cdot \\ \cdot \\ X_F \end{bmatrix} = \begin{bmatrix} g_{11} & \cdots & g_{1F} \\ \vdots & & \vdots \\ \cdots & g_{f'f} & \cdots \\ \vdots & & \vdots \\ g_{B1} & \cdots & g_{BF} \end{bmatrix} \cdot \begin{bmatrix} M_1 \\ \cdot \\ \cdot \\ M_{f'} \\ \cdot \\ \cdot \\ M_F \end{bmatrix}$$

<=>

58 Vgl. Kloock (Input-Output-Modelle) S. 70; Haupt (Produktionstheorie) S. 16; Dinkelbach (Input-Output-Analyse) Sp. 756; Hoitsch (Produktionswirtschaft) S. 110.

59 Vgl. Haupt (Produktionstheorie) S. 17; Kloock (Produktion) S. 282. Die Existenz der inversen Matrix $(\underline{E}-\underline{R}^d)^{-1}$ wird dabei vorausgesetzt. Vgl. Kloock/Limmer (Matrizen) Sp. 1185; Kloock (Produktion) S. 282.

$$\underline{X} = (\underline{E}-\underline{R}^{d})^{-1} \cdot \underline{M} ,$$

mit:

$\underline{E}$ = $(f^{x} f)$-Einheitsmatrix.

Für $(\underline{E} - \underline{R}^{d})^{-1}$ finden sich die Bezeichnungen "Gesamtverbrauchs-" oder "Gesamtbedarfsmatrix"[60]; ihre - einflußgrößenabhängigen[61] - Elemente $g_{f'f}$ stellen die "Gesamtbedarfskoeffizienten" dar, mit

$$g_{f'f} = g_{f'f} \; (u_{11}, \ldots, u_{PE}).$$

Durch Substitution der Beziehung $\underline{X}=(\underline{E} - \underline{R}^{d})^{-1} \cdot \underline{M}$ im outputorientierten Ansatz für den originären Input[62] ergibt sich der Ausdruck

$$\underline{I} = \underline{R}^{o} \cdot (\underline{E}-\underline{R}^{d})^{-1} \cdot \underline{M} + \underline{I}_{a} .$$

Diese Formulierung entspricht dem oben beschriebenen allgemeinen Ansatz einer Produktionsfunktion bei outputorientierter Darstellung.

2.23 Die Produktionsfunktion vom Typ B als spezielle Formulierung einer Produktionsfunktion bei limitationalen Faktoreinsatzbedingungen

Die GUTENBERG-Produktionsfunktion (Produktionsfunktion von Typ B) ergibt sich als Spezifikation des allgemeinen Input-Output-Modellansatzes[63] bei limitationalen Faktoreinsatzbedingungen für einstufige Einproduktunternehmungen[64].

---

60 Vgl. Kloock (Input-Output-Modelle) S. 70 ff.; Haupt (Produktionstheorie) S. 17.

61 Vgl. Kloock (Produktion) S. 282.

62 Vgl. Kloock (Produktion) S. 282.

63 Vgl. Kloock (Produktion) S. 277.

64 Vgl. Ellinger/Haupt (Produktionstheorie) S. 97; Adam (Produktionswirtschaft) S. 71 ff. Limitationale Produktionsverhältnisse sind dadurch charakterisiert, daß eine Outputmengenänderung ausschließlich bei totaler Faktorvariation, nicht jedoch bei nur partieller Faktorvariation möglich ist. Die Isoquanten der Inputfaktormengen reduzieren sich somit auf nur eine einzige effiziente Faktorkombination. Vgl. Pohmer/Bea (Produktion) S. 94; Ellinger/Haupt (Produktionstheorie) S. 97. Aufgrund der Einstufigkeit des Produktionsprozesses kann im folgenden der Laufindex der Ferti-

Neben der Analyse der unmittelbaren Input-Output-Relationen[65], die grundsätzlich durch konstante (fixe) Produktionskoeffizienten charakterisiert sind[66] und deren produktionstheoretische Behandlung infolge der Unabhängigkeit des Faktoreinsatzes von den technischen Produktionsbedingungen i.d.R. unproblematisch ist[67], diskutiert GUTENBERG[68] insbesondere die mittelbaren Input-Output-Gesetzmäßigkeiten der Güterfertigung[69].

Wesentliche Einflußgrößen für den Faktorverbrauch sind hier - neben der absatzbestimmten Produktmenge - die spezifischen technischen Daten der Produktionsanlagen (z-Situation) sowie die Leistungsgrade der im Produktionsprozeß eingesetzten Potentialfaktoren[70].

Da die potentialfaktorabhängigen Repetierfaktorverbräuche (z.B. Energie, Kühlmittel) grundsätzlich nur über zwischengeschaltete Aggregate in die gefertigten Produkte eingehen, ist eine weitere Grundannahme der Produktionstheorie GUTENBERGs die oben genannte Mittelbarkeit der Input-Output-Beziehungen[71]. Diese Art der

---

gungsstellen entfallen. Die absatzbestimmten Ausbringungsmengen M_f sind bei Vernachlässigung der mengenmäßigen Lagerbestandsänderung mit der Gesamtproduktion X_f identisch.

65 Vgl. Pohmer/Bea (Produktion) S. 46; Bea/Kötzle (Grundkonzeptionen) S. 519 f.; Gutenberg (Grundlagen) S. 325. Derartige direkte Abhängigkeiten finden ihren Ausdruck z.B. in den Stücklisten der Produktion, die den mengenmäßigen Einsatz unterschiedlicher Werkstoffe zur Fertigung einer einzelnen Erzeugniseinheit angeben. Vgl. Heinen (Kostenlehre) S. 217; Walther (Produktionswirtschaft) S. 29.

66 Vgl. Bea/Kötzle (Grundkonzeptionen) S. 510.

67 Vgl. Heinen (Kostenlehre) S. 217. Für den Fall der Veränderlichkeit der Produktionskoeffizienten infolge einer Ausschußproduktion - vgl. Pohmer/Bea (Produktion) S. 47 - ergeben sich jedoch auch für die unmittelbaren Produktionsbeziehungen Besonderheiten. Vgl. auch Abschnitt 4.222 der Arbeit.

68 Vgl. Gutenberg (Grundlagen) S. 326 ff.

69 Vgl. Albach (Forschung) S. 1214 ff.; Albach (Unternehmenstheorie) S. 631; Pohmer/Bea (Produktion) S. 46; Bea/Kötzle (Grundkonzeptionen) S. 519 f.; Botta (Produktionsfunktionen) S. 115; Behrbohm (Flexibilität) S. 103; Hoitsch (Produktionswirtschaft) S. 91 f.; Zschocke (Prozeßfunktion) Sp. 3260 ; Kilger (Produktionstheorie) S. 554; Küpper (Produktionsfunktionen) S. 132.

70 Vgl. Gutenberg (Grundlagen) S. 329; Bloech/Lücke (Produktionswirtschaft) S. 117; Adam (Produktionspolitik) S. 84 f.; Kloock (Produktion) S. 264.

71 Vgl. Ellinger/Haupt (Produktionstheorie) S. 96.

Faktorbeziehung ist bei der Herleitung der Produktionsfunktion vom Typ B aus dem allgemeinen Modellansatz von grundlegender Bedeutung und begründet darüberhinaus z.T. die für die vorliegende Arbeit charakteristischen zeitabhängigen Gesetzmäßigkeiten der Produktion[72].

Werden die ersten E-1 Einflußgrößen des Faktorverbrauchs zu dem Datenkranz $\underline{z}_i$, d.h. dem Vektor $(z_{i1},....,z_{i(E-1)})$ zusammengefaßt und bezeichnet x_i als E-ter Einflußfaktor den ökonomischen Output pro Zeiteinheit (ökonomischer Leistungsgrad), kann die mengenspezifische Verbrauchsfunktion des potentialfaktorabhängigen Repetierfaktoreneinsatzes für Aggregat i (i=1,...,I) mit

$$r_{hi} = r_{hi}[z_{i1},....,z_{i(E-1)},x_i(d_i)]$$

$$= r_{hi}[x_i(d_i), \underline{z}_i]$$

formalisiert werden[73].

Der Ausdruck $x_i = x_i(d_i)$ berücksichtigt dabei den funktionalen Zusammenhang zwischen ökonomischer und technischer Intensität[74] und stellt oftmals eine einfache lineare Transformationsbeziehung dar[75].

Unter der Prämisse der Konstanz der z-Situation während des Produktionsprozesses[76] - wie sie im GUTENBERGschen

---

72 Vgl. insbesondere Abschnitt 4 der Arbeit.

73 Vgl. Gutenberg (Grundlagen) S. 330 f.; Bea/Kötzle (Ansätze) S. 567; Kern (Industrielle Produktionswirtschaft) S. 29; Kloock (Produktion) S. 264; Adam (Produktionspolitik) S. 84 f.; Ellinger/Haupt (Produktionstheorie) S. 100 ff.

74 Vgl. Zschocke (Prozeßfunktion) Sp. 3262. Dieser Zusammenhang sei am Beispiel eines Bohrvorganges veranschaulicht: Die technische Intensität "d" entspricht hier der Anzahl der gebohrten Löcher je Zeiteinheit, die ökonomische Intensität "x" der Anzahl der marktfähigen Ausbringungsmengen je Zeiteinheit nach Beendigung der technisch-physikalischen Arbeit. Vgl. Kloock (Produktion) S. 264.

75 Vgl. Hoitsch (Produktionswirtschaft) S. 94 ff.; Kilger (Produktionstheorie) S. 65; Heinen (Kostenlehre) S. 219 ; Ellinger/Haupt (Produktionstheorie) S. 100 f.; Kloock (Produktion) S. 264; Botta (Bestimmung) S. 91 ff. In dem o.a. Beispiel eines Bohrvorgangs gilt i.d.R. $x_i = q_i \cdot d_i$, wobei q_i die Anzahl der erforderlichen Bohrungen je Outputeinheit angibt.

76 Diese Modellannahme gilt jedoch nur bei kurzfristiger Betrachtung des Fertigungsprozesses, d.h.

Modell grundsätzlich gilt[77] -, d.h. bei

$$\underline{z_i} = (z_{i1}^c, \ldots, z_{i(E-1)}^c) = \underline{z_i}^c,$$

ergibt sich für die Verbrauchsfunktion dann:[78]

$$r_{hi} = r_{hi}(x_i, \underline{z_i}^c) = r_{hi}(x_i).$$

Diese Funktion beschreibt in Abhängigkeit von den vorgegebenen Leistungsgraden[79] die im Produktionsprozeß für limitationale Faktoreinsatzbedingungen wiederum konstanten Produktionskoeffizienten[80].

In der Literatur[81] werden hierfür aufgrund vieler in der Praxis beobachtbarer und empirisch nachweisbarer[82] Gegebenheiten in Anlehnung an GUTENBERG[83] oftmals typisch u-förmige Kurvenverläufe[84] auf der Basis quadratischer Verbrauchsfunktionen diskutiert (Abb. 4), für die allgemein gilt:[85]

---

ohne Berücksichtigung von Instandhaltungs- oder anderen Investitionstätigkeiten. Vgl. Roski (Einsatz) S. 49; Bloech/Lücke (Produktionswirtschaft) S. 132.

77 Vgl. Gutenberg (Grundlagen) S. 329; Haupt (Produktionstheorie) S. 55; Ellinger/Haupt (Produktionstheorie) S. 103; Lücke (Produktionstheorie) Sp. 1626; Luhmer (Produktionsprozesse) S. 10. GUTENBERG veranschaulicht dieses am Beispiel eines Schmelzofens i, wobei das Fassungsvermögen (z_{i1}), die Art der Ofenausmauerung (z_{i2}), ihre Hitzebeständigkeit (z_{i3}) und die Art der eingesetzten Energie (z_{i4}) kurzfristig als konstant zu betrachten sind. Vgl. Gutenberg (Grundlagen) S. 329.

78 Vgl. Adam (Produktionspolitik) S. 77 ff.; Ellinger/Haupt (Produktionstheorie) S. 102; Haupt (Produktionstheorie) S. 52; Kloock (Produktion) S. 264; Raffée (Grundprobleme) S. 180.

79 Vgl. Hoitsch (Produktionswirtschaft) S. 93; Uebe (Produktionstheorie) S. 19.

80 Vgl. Hoitsch (Produktionswirtschaft) S. 81 ff.; Kloock (Produktion) S. 265.

81 Vgl. Albach (Unternehmenstheorie) S, 631; Bea/Kötzle (Grundkonzeptionen) S. 510; Busse v. Colbe/Laßmann (Betriebswirtschaftstheorie) S. 147 ff.; Dellmann (Produktionstheorie) S. 78; Ellinger/Haupt (Produktionstheorie) S. 102 ff.; Heinen (Kostenlehre) S. 221 ff.; Kern (Industrielle Produktionswirtschaft) S. 30 f.; Pack (Einfluß) S. 850 ff.

82 Vgl.Schroer (Produktionstheorie) S. 91 ff.

83 Vgl. Gutenberg (Grundlagen) S. 326.

84 Vgl. Knolmayer (Anpassungsmöglichkeiten) S. 1122 f.

85 Vgl. Knolmayer (Anpassungsmöglichkeiten) S. 1123;

$$r_{hi} = \alpha_{hi} x_i^2 - \beta_{hi} x_i + \gamma_{hi}$$

$$\text{mit: } \alpha_{hi}, \beta_{hi}, \gamma_{hi} > 0.$$

In Abhängigkeit von den betrachteten Inputkategorien sowie den technischen Produktionsbedingungen sind jedoch auch andere charakteristische Verbrauchsgesetzmäßigkeiten zu beachten[86].

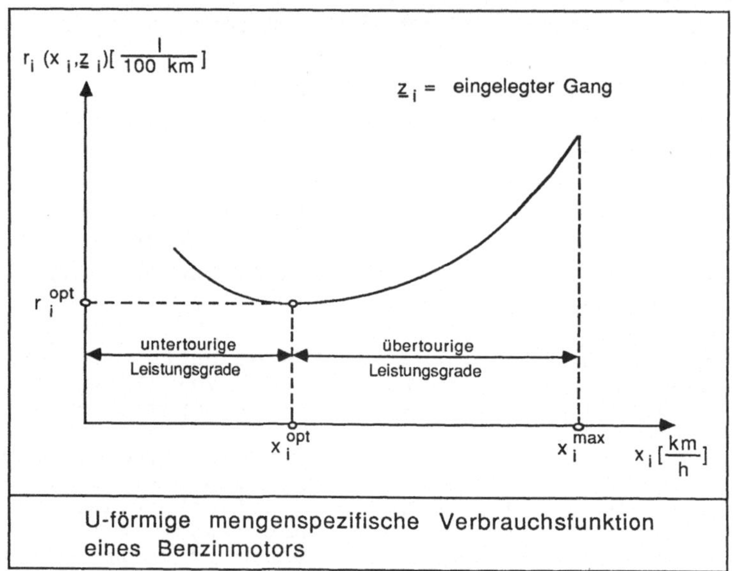

U-förmige mengenspezifische Verbrauchsfunktion eines Benzinmotors

Abbildung 4

An dieser Stelle sei auf die für diese Arbeit bedeutsamen und später[87] ausführlich dargestellten beschäftigungszeitvariablen Faktorarten verwiesen.

Bezeichnet t_i die betriebliche Einsatzzeit (Beschäf-

Kloock (Produktion) S. 265; Ellinger/Haupt (Produktionstheorie) S. 103 und S. 111; Haupt (Produktionstheorie) S. 74. Als Beispiel für einen derartigen Kurvenverlauf sei der Kraftstoffverbrauch eines Kraftfahrzeugs in Abhängigkeit von den gefahrenen Kilometern je Stunde [km/h] genannt. Vgl. Schroer (Produktionstheorie) S. 92 f.; Pack (Einfluß) S. 850 ff.; Ellinger/Haupt (Produktionstheorie) S. 103 ff.

86 Vgl. dazu ausführlich Kistner (Produktionstheorie) S. 119 ff.; Kilger (Produktionstheorie) S. 57 ff.; Pack (Elastizität) S. 158 f.; Kahle (Produktion) S. 31 ff.; Krycha (Produktionswirtschaft) S. 167 ff.

87 Vgl. Abschnitt 4 der Arbeit.

tigungszeit) einer Anlage i, ergibt sich aufgrund der Dimensionen der beiden Parameter x_i - [ME/ZE] - und t_i - [ZE] - für die an diesem Aggregat gefertigte Ausbringungsmenge M_i[88]:

$$M_i = x_i \cdot t_i .$$

Diese Mengenbedingung der Produktion veranschaulicht die folgende Abbildung[89].

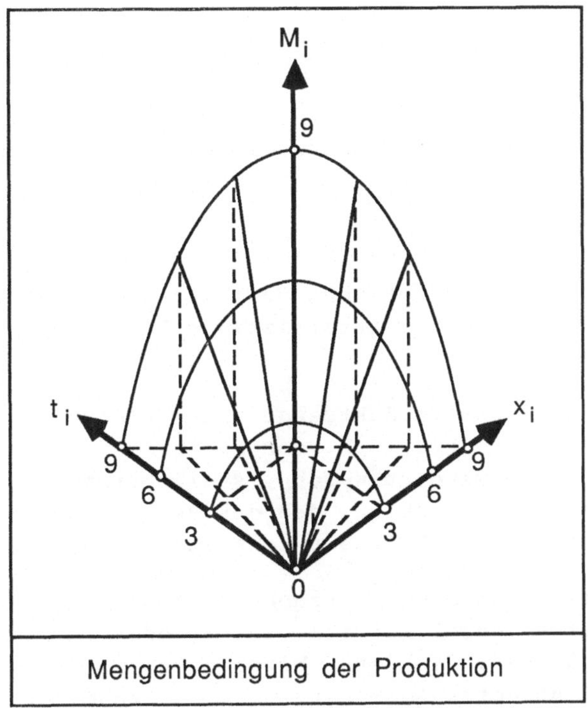

Mengenbedingung der Produktion

Abbildung 5

Die GUTENBERG-Produktionsfunktion hat bei Berücksichtigung der zuvor dargestellten funktionalen Zusammenhänge[90] die - inputorientierte - Form:[91]

88 Vgl. Ellinger/Haupt (Produktionstheorie) S. 99 ff. u. S. 110 ff.

89 Vgl. Pack (Elastizität) S. 194. Einem Leistungsgrad von 3 ME/ZE und einer Fertigungszeit von 3 ZE ist ein Produktionsniveau von 9 ME zugeordnet.

90 Adam spricht hier von der Dreistufigkeit des Produktionsprozesses. Vgl. Adam (Produktionspolitik) S. 72.

91 Vgl. Adam (Produktionspolitik) S. 84 und S. 86; Kloock (Produktion) S. 280; Ellinger/Haupt

$$M_i = M_i[\ [r_{1i}(x_i, \underline{z}_i^c) \cdot x_i t_i], \ldots, [r_{Hi}(x_i, \underline{z}_i^c) \cdot x_i t_i]\ ]$$

$$= x_i \cdot t_i .$$

Die Produktionsbeziehung für das gesamte Unternehmen ergibt sich daraus als additive Verknüpfung der aggregatspezifischen GUTENBERG-Produktionsfunktionen[92] mit

$$M = M\ [\ \sum_{i=1}^{I} [r_{1i}(x_i, \underline{z}_i^c) \cdot x_i t_i], \ldots, \sum_{i=1}^{I} [r_{Hi}(x_i, \underline{z}_i^c) \cdot x_i t_i]\ ]$$

$$= \sum_{i=1}^{I} x_i \cdot t_i \quad ,$$

und bildet die Grundlage für die weiteren Ausführungen[93].

2.3 Produktionstheoretische Herleitung betrieblicher Möglichkeiten zur kurzfristigen Produktmengenanpassung

Soll die erzeugte Produktmenge einer Planungsperiode kurzfristig variiert, d.h. der Nachfrage entsprechend erhöht oder vermindert werden, stellt sich für die Unternehmung das Problem, daß der Bestand an Potentialfaktoren in diesem Fall als konstant vorgegeben ist[94].

Kurzfristig können nur verfügbare Produktionsanlagen (Kapazitäten) außer Betrieb gesetzt oder in Betrieb genommen werden; die Betriebsbereitschaft der einzelnen ggf. stillgelegten Aggregate wird aufgrund des Planungshorizonts grundsätzlich aufrechterhalten[95].

(Produktionstheorie) S. 110; Haupt (Produktionstheorie) S. 55; Lücke (Produktionstheorie) Sp. 1626; Luhmer (Produktionsprozesse) S. 10 f.

92 Vgl. Adam (Produktionspolitik) S. 84; Zschocke (Prozeßfunktion) Sp. 3261 f.

93 Diese Zugrundelegung der GUTENBERG-Funktion läßt sich mit ihrer Bedeutung für industrielle Produktionsprozesse - deren Analyse hier verfolgt wird - begründen. Vgl. dazu auch Schaefer (Allgemeingültigkeit) S. 315 ff.

94 Vgl. Kilger (Verfahrenswahl) S. 163 f.; Haupt (Anpassung) S. 394; Kloock (Produktion) S. 291.

95 Vgl. Fleischmann (Produktionsplanung) S. 347 ff.; Haupt (Anpassung) S. 394; Fries/Otto (Industriebetriebslehre) S. 156; Becker (Anpassung).

Der Aspekt der "multiplen"[96] oder "mutativen"[97] Betriebsgrößenvariation entfällt infolgedessen[98].

Diese modelltheoretische Prämisse findet ihre empirische Begründung auch in der alltäglichen Planungspraxis des Anlageneinsatzes, die sich vielfach durch einen ebenfalls kurzfristigen Planungshorizont auszeichnet[99].

Ausgehend von der Definitionsgleichung des mengenmäßigen Outputs[100]

$$M = \sum_{i=1}^{I} M_i = \sum_{i=1}^{I} x_i \cdot t_i ,$$

verfügt die Unternehmung damit über drei Planungsgrößen (Aktionsparameter) zur kurzfristigen Produktmengenanpassung:[101]

1. die Intensitäten x_i der Produktionsanlagen,

2. die Beschäftigungszeiten t_i der einzelnen Aggregate und

3. die Anzahl I der im Produktionsprozeß eingesetzten Potentialfaktoren.

96 GUTENBERG bezeichnet die proportionale Variation der Leistungspotentiale als "multipel". Vgl. Gutenberg (Grundlagen) S. 421 ff.; Corsten (Fixkostenabbau) 531 ff.; Ellinger/Haupt (Produktionstheorie) S. 155; Adam (Produktionspolitik) S. 279; Busse v. Colbe (Betriebsgröße) S. 84 ff.

97 Verändert sich die Zusammensetzung und/oder die Qualität der Produktionsbedingungen, so wird mit GUTENBERG von "mutativer" Betriebsgrößenänderung gesprochen. Vgl. Gutenberg (Grundlagen) S. 423 f.; Adam (Produktionspolitik) S. 279 f.; Corsten (Fixkostenabbau) 531 ff.; Ellinger/Haupt (Produktionstheorie) S. 155 f.

98 Adam (Produktionspolitik) S. 274 ff.; Haupt (Anpassung) S. 394; Lücke (Produktionstheorie) Sp. 1629.

99 Vgl. Bleuel (Untersuchungen) S. 669.

100 Vgl. Adam (Produktionspolitik) S. 84; siehe auch Abschnitt 2.333.

101 Vgl. Adam (Produktionspolitik) S. 85; Pohmer/Bea (Produktion) S. 235; Kloock (Produktion) S. 290 f.; Kilger (Grundlagen) S. 683; Raffée (Grundprobleme) S. 179. Dazu auch Zäpfel (Produktionswirtschaft) S. 13 ff.; Zäpfel (Instrumente) S. 523 ff. Siehe dazu auch Luhmer (Produktionsprozesse) S. 10 u. S. 54.

Intensitätsmäßige Anpassungsprozesse (Fall 1) finden sich insbesondere bei Großanlagen[102], bei denen eine Unterbrechung der Produktion hohe Kosten infolge notwendiger Anfahr- oder Aufheizungsvorgänge verursachen kann[103].

Zeitliche Anpassungen (Fall 2) - z.B. durch Überstunden oder Kurzarbeit - eignen sich für nicht verkettete Fertigungsprozesse, da hier einzelne Kapazitäten unabhängig voneinander stillgelegt oder in Betrieb genommen werden können[104].

Die selektive Anpassung (Fall 3) - als Spezialfall der quantitativen Anpassung für kostenverschiedene Produktionsanlagen - wird in der Literatur unter der Annahme der Aufrechterhaltung der Betriebsbereitschaft, d.h. ohne Berücksichtigung von Investitions- oder Desinvestitionsentscheidungen, diskutiert[105].

Diese entscheidungsrelevanten Planungsgrößen dienen später als modellspezifische Freiheitsgrade der Produktion zur Klassifizierung kombinierter Anpassungsprozesse mehrerer Aggregatsysteme[106].

---

102 Vgl. Kern (Industrielle Produktionswirtschaft) S. 42; Haupt (Anpassung) S. 395.

103 Hohe Qualitätsnormen können dabei jedoch Intensitätsänderungen ausschließen oder einschränken. Vgl. Haupt (Anpassung) S. 395.

104 Vgl. Haupt (Anpassung) S. 395; Zäpfel (Instrumente) S. 524 f. Die Variation der Beschäftigungszeit hat dabei "behördlichen (Gewerbeaufsichtsamt) und betriebsverfassungsmäßigen Auflagen (Zustimmung durch Betriebsrat)" zu folgen. Vgl. Haupt (Anpassung) S. 395. Zur Problematik der zeitlichen Anpassung vgl. Pack (Fertigen) S. 1179 ff.; Kern (Industrielle Produktionswirtschaft) S. 41 f.

105 Vgl. Haupt (Anpassung) S. 395.

106 Vgl. Abschnitt 3.1 und 3.2 der Arbeit.

2.4 Kostenfunktionen als Modelle wertmäßiger Input-Output-Beziehungen

2.41 Aggregatspezifische Kostenfunktionen bei Zugrundelegung limitationaler Faktoreinsatzbedingungen

Ausgehend von der produktionstheoretischen Konzeption GUTENBERGs werden zunächst Kostenfunktionen für ein einzelnes Aggregatsystem formal hergeleitet und charakteristische aggregatspezifische Kostenverläufe dargestellt[107].

In der Literatur werden grundsätzlich fünf planungsrelevante Hauptkosteneinflußgrößen unterschieden:[108]

1. die Beschäftigung, als produzierte Ausbringungsmenge (Output),

2. die Qualitäten der Produktionsfaktoren (Produktionsbedingungen),

3. die Faktorpreise der einzelnen Inputarten,

4. die Betriebsgröße, als technisches Leistungspotential (Betriebskapazität), und

5. das Produktions- und Fertigungsprogramm,

wobei GUTENBERG[109] die Beschäftigung - ausgehend von der Mengenbedingung der Produktion - in ihre quantitativen, intensitätsmäßigen und zeitlichen Komponenten bei konstanter Betriebsgröße zerlegt[110].

---

107 Vgl. auch Huch (Produktionskosten) Sp. 1512 ff.

108 Vgl. Gutenberg (Grundlagen) S. 347; Busse v. Colbe/Laßmann (Betriebswirtschaftstheorie) S. 210 ff.; Ellinger/Haupt (Produktionstheorie) S. 153 f.; Kilger (Grundlagen) S. 680; Kloock (Produktion) S. 283 f.; Pack (Elastizität) S. 62.

109 Vgl. Gutenberg (Grundlagen) S. 354 ff.

110 Vgl. Pack (Elastizität) S. 62 f.; Kloock (Produktion) S. 284. Für die folgenden Ausführungen ist die produzierte Ausbringungsmenge, deren kurzfristige Anpassung diskutiert werden soll, von besonderer Bedeutung.

Die Bewertung des mengenspezifischen Verbrauchs $r_{hi}=r_{hi}(x_i,\underline{z}_i^c)$ der Faktorart h mit dem konstanten[111] beschaffungsmarktorientierten Preis p_h führt zur faktorartspezifischen "bewerteten Verbrauchsfunktion" k_{hi}, für die somit gilt[112]:

$$k_{hi} = p_h \cdot r_{hi}(x_i, \underline{z}_i^c) = k_{hi}(p_h, x_i, \underline{z}_i^c).$$

Werden diese bewerteten Verbrauchsfunktionen über sämtliche Faktorarten aggregiert, ergibt sich für Anlage i die "Mengen-Kosten-Leistungsfunktion"[113] k_i mit

$$k_i = \sum_{h=1}^{H} p_h \cdot r_{hi}(x_i, \underline{z}_i^c) = k_i(\underline{p}, x_i, \underline{z}_i^c),$$

wobei der Vektor $\underline{p}$ den Preisvektor $(p_1,\ldots,p_H)$ darstellt[114].

Diese Funktion gibt die aggregatspezifischen Kosten[115] je erstellter Ausbringungseinheit (Stückkosten) einer

---

111 Konditionenpolitisch bestimmte Faktorpreise - z.B. eine faktormengenabhängige Preispolitik der Lieferanten - sind in praxi gegeben, finden hier jedoch keine Berücksichtigung. Vgl. dazu auch Pohmer/Bea (Produktion) S. 85 ff.

112 Vgl. Adam (Produktionspolitik) S. 149; Ellinger/Haupt (Produktionstheorie) S. 129 f.; Czeranowsky (Produktionstheorie) S. 155; Lücke (Kostentheorie) S. 84 f. Siehe auch Wuttke (Einflußgrößenrechnung) S. 385 ff.

113 Adam (Produktionspolitik) S. 149; Adam (Produktionstheorie) S. 130 f.; Haupt (Anpassung) S. 395; Ellinger/Haupt (Produktionstheorie) S. 130; Shepard (Cost Functions) S. 8; Scheibler (Produktionslehre) S. 143; Horsmann (Einsatz) S. 8; Lücke (Kostentheorie) S. 84 f.; Schweitzer (Kostenfunktionen) S. 70; Laßmann (Produktionsfunktion) S. 37 f.

114 Vgl. auch Küpper (Kostenbewertung) Sp. 1012 ff.

115 Vgl. auch Laßmann (Kostenerfassung) Sp. 1020 ff. sowie zur Dimension der Produktionskosten Meij (Kostendimensionen) S. 64 ff.

bestimmten Produktart an[116], wenn mit der Intensität x_i unter sonst konstanten technischen Produktionsbedingungen $\underline{z}_i{}^c$ gefertigt wird[117].

Besonderheiten ergeben sich, wenn für das betrachtete Unternehmen die Möglichkeit besteht, während eines Produktionsvorgangs unterschiedliche Leistungsgradschaltungen vorzunehmen.

Die Intensität x_i ist in diesem Fall während der Planungsperiode in funktionaler Abhängigkeit von der betrieblichen Einsatzzeit darzustellen[118], d.h.

$$x_i = x_i(\tau_i),$$

wobei $x_i(\tau_i)$ den Leistungsgrad im Zeitpunkt τ_i angibt[119].

Um genau die vorgegebene Produktmenge M_i am Aggregat i mit der Beschäftigungszeit t_i zu realisieren, sind die Leistungsgrade so zu wählen, daß das Funktional $x_i(\tau_i)$ die Bedingung

$$M_i = \int_{\tau_i=0}^{t_i} x_i(\tau_i)\, d\tau_i$$

erfüllt[120].

116 Vgl. Adam (Produktionspolitik) S. 149; Haupt (Anpassung) S. 395; Ellinger/Haupt (Produktionstheorie) S. 129 f.; Adam (Produktionstheorie) S. 24.

117 Vgl. Adam (Produktionspolitik) S. 149.

118 Vgl. Adam (Produktionspolitik) S. 149 und S. 152.

119 Vgl. Adam (Produktionspolitik) S. 153; Adam (Produktionstheorie) S. 24 f. Der Zeitpunkt τ_i ist dabei auf das Zeitintervall (den Betrachtungszeitraum) $[0, t_i]$ beschränkt. Zu dieser Unterscheidung des Zeitbezugs vgl. auch Reiß (Zeitbezug) S. 430.

120 Vgl. Adam (Produktionspolitik) S. 152 f.; Adam (Kostentheorie) S. 563; Adam (Produktionstheorie) S. 24 f.; Jacob (Produktionsplanung) S. 210.

Diese modifizierte Mengenbedingung bei optionalen Leistungsgradvariationen während der Beschäftigungszeit einer Produktionsanlage veranschaulicht die folgende Abbildung.

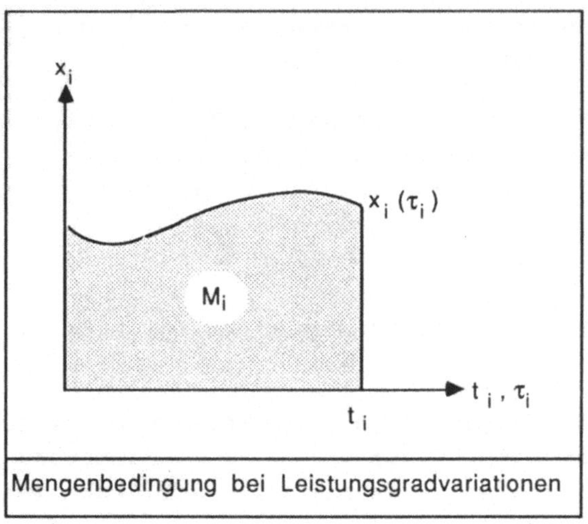

Mengenbedingung bei Leistungsgradvariationen

Abbildung 6

Die Kosten für die Produktmenge M_i hängen dann von der Wahl der Funktion $x_i(\tau_i)$ ab und sind bei gegebener Mengen-Kosten-Leistungsfunktion definiert als[121]:

$$K_i[x_i(\tau_i), z_i^c, t_i] = \int_{\tau_i=0}^{t_i} k_i[x_i(\tau_i), z_i^c] \cdot x_i(\tau_i) \, d\tau_i .$$

Wird den folgenden Ausführungen die Annahme zugrundegelegt, daß während einer Fertigungsperiode zunächst keine Leistungsgradschaltungen vorgenommen werden können, ergeben sich ohne Berücksichtigung fixer Kosten[122]

121 Vgl. Adam (Produktionspolitik) S. 153; Adam (Produktionstheorie) S. 24 f.

122 Da die fixen Kosten bei kurzfristiger Betrachtung, d.h. unter der Prämisse der Aufrechterhaltung der Betriebsbereitschaft, als sog. "sunk costs" - vgl. Chase/Aquilano (Production) S. 40 f. - für den optimalen Anlageneinsatz grundsätzlich nicht entscheidungsrelevant sind, können sie im folgenden unberücksichtigt bleiben. Vgl. Kilger (Verfahrenswahl) S. 163. Die Kostenfunktion umfaßt dann lediglich die - planungsrelevanten - variablen Kosten. Vgl. auch Jacob (Produktions-

die entscheidungsrelevanten Kosten einer Planungsperiode als[123]

$$K_i = k_i(x_i, \underline{z}_i^c) \cdot x_i \cdot t_i = K_i(x_i, \underline{z}_i^c, t_i),$$

$$\text{mit: } M_i = x_i \cdot t_i .$$

Der charakteristische Kostenverlauf eines Aggregatsystems wird damit von der mengenspezifischen Kostenfunktion, d.h. letztlich von den bewerteten aggregatspezifischen Verbrauchsfunktionen bestimmt.

Werden mit GUTENBERG typisch u-förmige Faktorverbrauchsfunktionen vorausgesetzt[124], wie sie z.B. für den oben genannten Kraftstoffverbrauch eines Fahrzeuges oder den Stromverbrauch einer hydraulischen Presse gelten[125], folgt für die Mengen-Kosten-Leistungsfunktion k_i allgemein[126]

$$k_i(x_i, \underline{z}_i^c) = a_i x_i^2 - b_i x_i + c_i ,$$

da die Aggregation der faktorartspezifischen bewerteten Verbrauchsfunktionen ebenfalls einen u-förmigen mengenspezifischen Kostenverlauf generiert[127].

---

planung) S. 216; Altrogge (Einfluß) S. 547; Corsten (Fixkostenabbau) S. 531; Ellinger/Haupt (Produktionstheorie) S. 144; Haupt (Anpassung) S. 394; Fries/Otto (Industriebetriebslehre) S. 156; Laufenberg (Produktmengenänderungen) S. 416 f.

123 Vgl. Kilger (Verfahrenswahl) S. 162 ff., Ellinger/Haupt (Produktionstheorie) S. 130 ff.; Haupt (Anpassung) S. 395; Adam (Produktionspolitik) S. 149 f. Siehe auch Meij (Kostendimensionen) S. 64 ff.

124 Vgl. Gutenberg (Grundlagen) S. 326 ff.; Kloock (Produktion) S. 265; Haupt (Anpassung) S. 395 f.

125 Busse v. Colbe/Laßmann (Betriebswirtschaftstheorie) S. 147 ff.

126 Vgl. Ammons/McGinnis (Model) S. 307 f.; Ellinger/Haupt (Produktionstheorie) S. 110; Haupt (Produktionstheorie) S. 74 f.; Knolmeyer (Anpassungsmöglichkeiten) S. 1223. Die konstanten Faktoren a_i, b_i und c_i ergeben sich nach der Bepreisung des Faktoreinsatzes aus den aggregatspezifischen Koeffizienten α_i, β_i und γ_i der Faktorverbrauchsfunktion. Es gilt: $a_i, b_i, c_i > 0$.

127 Vgl. Ellinger/Haupt (Produktionstheorie) S. 131; Krycha (Produktionswirtschaft) S. 173.

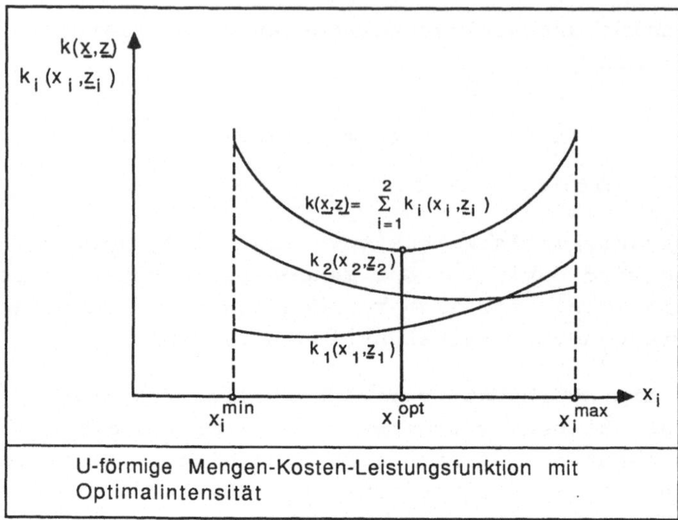

U-förmige Mengen-Kosten-Leistungsfunktion mit Optimalintensität

Abbildung 7

Charakteristisches Merkmal dieser Funktion ist dabei eine aggregatspezifische konstante Optimalintensität x_i^{opt} [128], für die dem allgemeinen Ansatz folgend gilt[129]:

$$x_i^{opt} = \frac{b_i}{2a_i} .$$

128 Vgl. Fandel (Produktion) S. 284 f.; Gutenberg (Grundlagen) S. 368; Ellinger/Haupt (Produktionstheorie) S. 131, Haupt (Anpassung) S. 396; Jehle/Müller/Michael (Produktionswirtschaft) S. 83 ff.

129 Diese Bedingung ergibt sich aus dem Ansatz $\partial k_i / \partial x_i = 0$. Für $\partial^2 k_i / \partial x_i^2$ berechnet sich der Ausdruck $2a_i$, d.h. für $x_i = x_i^{opt}$ liegt tatsächlich ein lokales Kostenminimum vor, da notwendige wie hinreichende Bedingungen erfüllt sind. Zur Sicherstellung positiver mengenspezifischer Kostenverläufe bei positiven Leistungsgraden ist ferner die Nebenbedingung $b_i^2 < 4a_i c_i$ zu erfüllen, die sich nach Substitution aus dem Funktional $k_i(x_i^{opt}, \underline{z}_i^c)$ herleitet. Vgl. Haupt (Produktionstheorie) S. 74 Fußnote 64.

Für die Gesamtkostenfunktion K_i der Anlage i folgt während des Betrachtungszeitraumes somit[130]

$$K_i(x_i, \underline{z}_i^c, t_i) = (a_i x_i^2 - b_i x_i + c_i) \cdot x_i \cdot t_i,$$

$$= (a_i x_i^3 - b_i x_i^2 + c_i x_i) \cdot t_i,$$

mit: $M_i = x_i \cdot t_i$.

Diesen funktionalen Zusammenhang stellen die folgenden Abbildungen[131] als Kostengebirge $K_i(x_i, t_i)$ und $K_i(M_i, x_i)$ dar, wobei die charakteristischen Kostenverläufe deutlich werden.

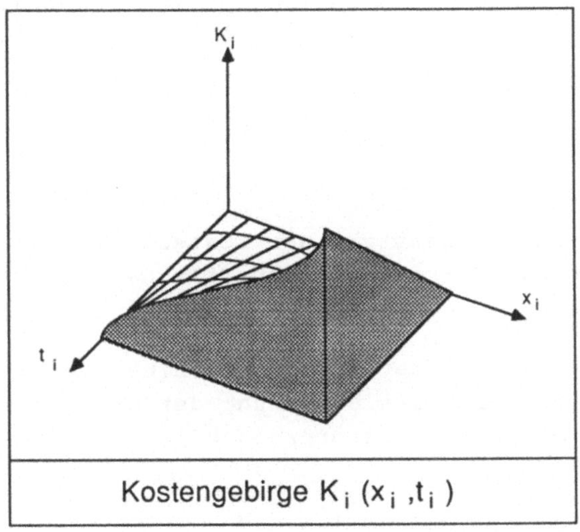

Kostengebirge $K_i(x_i, t_i)$

Abbildung 8

130 Vgl. Heinen (Produktionstheorie) S. 257; Lex (Produktionstheorie) S. 43; Ellinger/Haupt (Produktionstheorie) S. 111 ff.; Pack (Einfluß) S. 844 ff.

131 Vgl. auch Ellinger/Haupt (Produktionstheorie) S. 112 ff.; Haupt (Produktionstheorie) S. 86 f.

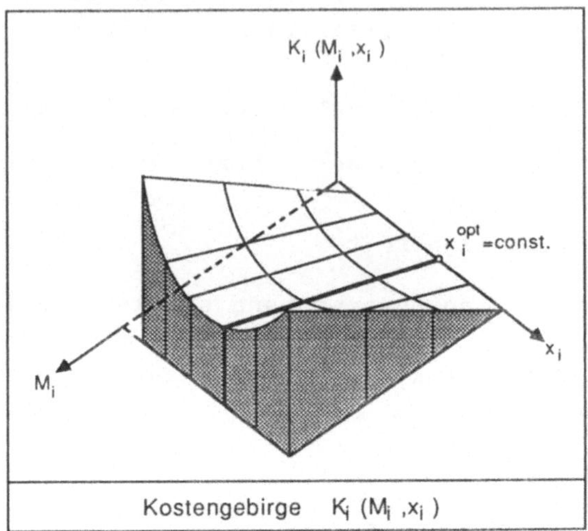

Kostengebirge $K_i (M_i, x_i)$

Abbildung 9

2.42 Allgemeiner Ansatz einer Kostenfunktion auf der Basis des betriebswirtschaftlichen Input-Output-Modells

Die Gesamtkosten K der Produktion einer Unternehmung ergeben sich durch die Bewertung der originären Inputmengen I_b mit ihren Faktorpreisen p_b[132].

$$K = \sum_{b=1}^{B} p_b \cdot I_b$$

Da für den Input I_b der Beschaffungsstelle b (b=1,...,B) gilt[133]

$$I_b = \sum_{f=1}^{F} \sum_{f'=1}^{F} r_{bf}^{o} (\underline{u}_f) \cdot g_{ff'} (\underline{u}_f) \cdot M_f + \sum_{a=1}^{A} I_{ba},$$

$$\text{mit: } \underline{u}_f = (u_{f1}, \ldots, u_{fE}),$$

folgt daraus für die Kosten K der Produktion:

---

132 Vgl. Kloock (Produktion) S. 285.

133 Dieses ergibt sich für die Elemente I_b des Vektors $\underline{I}$ aus der Definitionsgleichung des Inputs $\underline{I} = \underline{R}^o \cdot (\underline{E} - \underline{R}^d)^{-1} \cdot \underline{M}_f + \underline{I}_a$.

$$K = \sum_{b=1}^{B} \left[\sum_{f=1}^{F} \sum_{f'=1}^{F} p_b \cdot r_{bf}^{o}(\underline{u}_f) \cdot g_{ff'}(\underline{u}_f) \cdot M_f + \sum_{a=1}^{A} p_b \cdot I_{ba} \right].$$

Dieser funktionale Zusammenhang läßt sich bei Verwendung der Matrixschreibweise wie folgt formulieren:

$$\underline{K} = \underline{P} \cdot [\underline{R}^{o} \cdot (\underline{E}-\underline{R}^{d})^{-1} \cdot \underline{M} + \underline{I}_a],$$

wobei $\underline{K}$ den Spaltenvektor der Kosten K_b und $\underline{P}$ die Diagonalmatrix der Faktorpreise p_b der zugehörigen Beschaffungsstellen darstellen.

Die Existenz der inversen Matrix $(\underline{E}-\underline{R}^{d})^{-1}$ mit den Elementen $g_{ff'}(e_{11},...,e_{PE})$ ist dabei hinreichende Anwendungsvoraussetzung für den oben dargestellten Modellansatz[134].

Die Komplexität dieses theoretischen Modells wird jedoch oftmals zu Gestaltungsproblemen bei der Disposition des Anlageneinsatzes führen[135].

2.5 Die Bedeutung der aggregatspezifischen Kostenfunktionen für den Anpassungsprozeß

Der kostenminimale Einsatz einer Produktionsanlage wird von den einwirkenden Kosteneinflußgrößen, d.h. von der zugrundeliegenden aggregatspezifischen Kostenfunktion bestimmt[136]. Die Eigenschaften dieser Kostenfunktion beeinflussen grundlegend den Verlauf des Anpassungsprozesses[137].

Zur Typisierung produktions- und kostentheoretischer Anpassungsprozesse eines Aggregatsystems kann das Kostenverhalten bei Variation der betrieblichen Einsatzzeit herangezogen werden[138].

Das kostengünstigste Zusammenwirken der einzelnen Anpassungsalternativen - zeitliche und/oder intensi-

134 Vgl. Kloock (Produktion) S. 285.
135 Vgl. Kloock (Produktion) S. 285; Bäuerle (Konstruktion) S. 175 ff.
136 Vgl. Kloock (Produktion) S. 291.
137 Vgl. Adam (Abschreibungen) S. 407 ff.; Ellinger/Haupt (Produktionstheorie) S. 137 ff.
138 Vgl. Koch (Analyse) S. 957 ff.; Adam (Abschreibungen) S. 407 ff.; Adam (Produktionspolitik) S. 225; Ellinger/Haupt (Produktionstheorie) S. 137.

tätsmäßige Anpassung - unterscheidet sich grundlegend danach, ob die Produktionskosten - unter sonst konstanten Bedingungen - linear oder nichtlinear mit der Beschäftigungszeit variieren[139].

Gilt für die Produktionskosten einer Anlage

$$K_i(x_i, \underline{z}_i^c, y \cdot t_i) = y \cdot K_i(x_i, \underline{z}_i^c, t_i),$$

mit:

y = konstanter Faktor und $0 \leq y$,

d.h. ist die aggregatspezifische Kostenfunktion in t_i linearhomogen[140], wird die daraus resultierende Anpassungsstrategie als "sukzessiv" bezeichnet[141].

Bei Zugrundelegung der idealtypischen GUTENBERG-Funktion ist infolgedessen eine sukzessive Anpassungspolitik erforderlich, da der Kostenverlauf einer Produktionsanlage hierfür ex definitione eine lineare Kostenentwicklung bei zeitlicher Anpassung[142] und eine zunächst degressive, später progressive - S-förmige - Kostenentwicklung bei intensitätsmäßiger Anpassung[143] voraussetzt[144].

---

139 Vgl. Adam (Abschreibungen) S. 407 und S. 408; Adam (Produktionspolitik) S. 225; Koch (Kostenfunktionen) S. 418.

140 Vgl. Adam (Abschreibungen) S. 407; Ellinger/Haupt (Produktionstheorie) S. 137; Krycha (Produktionswirtschaft) S. 144.

141 Vgl. Adam (Abschreibungen) S. 407; Ellinger/Haupt (Produktionstheorie) S. 137; Koch (Analyse) S. 960.

142 Vgl. Pohmer/Bea (Produktion) S. 110 f.

143 Dieser Kostenverlauf ergibt sich aufgrund der u-förmigen Mengen-Kosten-Leistungsfunktion bzw.der Verbrauchsfunktion. Vgl. Haupt (Anpassung) S. 396.

144 Vgl. Ellinger/Haupt (Produktionstheorie) S. 137 ff.; Koch (Analyse) S. 960 ff.; Adam (Abschreibungen) S. 407 ff.

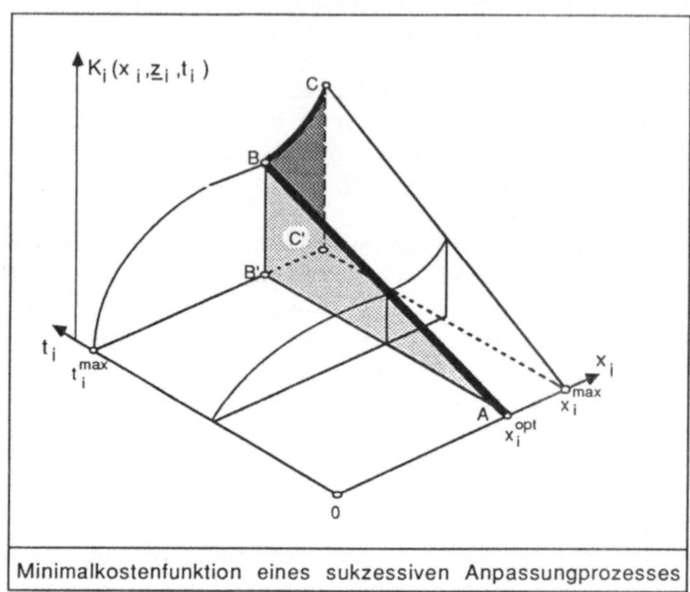

Minimalkostenfunktion eines sukzessiven Anpassungprozesses

Abbildung 10

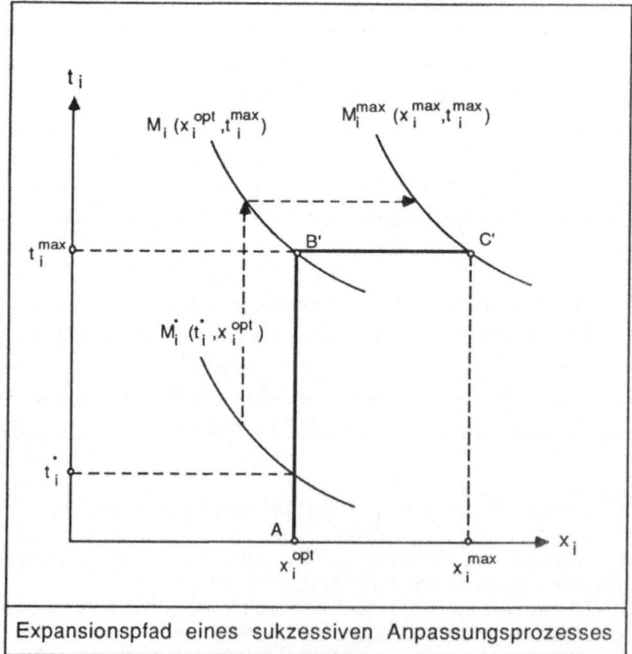

Expansionspfad eines sukzessiven Anpassungsprozesses

Abbildung 11

Für eine Anlage i veranschaulichen die Abbildungen[145] 10 und 11 die skizzierte Optimalstrategie:[146]

1. zeitliche Anpassung bei konstantem maschinenoptimalem Leistungsgrad x_i^{opt} [147] bis zum Erreichen der Zeitobergrenze t_i^{max} [148] für Ausbringungsmengen $M_i \in [0, M_i(x_i^{opt}, t_i^{max})]$,

2. intensitätsmäßige Anpassung mit Leistungsgraden $x_i > x_i^{opt}$ bis zum Erreichen der Leistungsgradobergrenze x_i^{max} sowie maximal verfügbarer Fertigungszeit t_i^{max} für Ausbringungsmengen im Beschäftigungsintervall $[M_i(x_i^{opt}, t_i^{max}), M_i(x_i^{max}, t_i^{max})]$.

Aufgrund der Zeitlinearität der Produktionskosten ergibt sich ein Expansionspfad, der möglichst konstante Kostenzuwächse (Grenzkosten) bei zeitlicher Anpassung ausnutzt (Strecke AB), bevor steigende Grenzkostensätze infolge einer intensitätsmäßigen Anpassung aufgrund der Mengenbedingung der Produktion unvermeidbar sind[149] (Strecke BC).

Die Bezeichnung des gesamten aggregatspezifischen Anpassungsvorgangs als "sukzessiv" ist somit folgerichtig, da die zur Produktmengenvariation herangezogenen Parameter für alternative Ausbringungsmengen sukzessiv, d.h. niemals parallel, angepaßt werden.

Hierbei wird ebenfalls deutlich, daß die sukzessive Optimalpolitik Leistungsgrade $x_i < x_i^{opt}$ nicht berücksichtigt[150].

Wird die Prämisse der t_i-Linearhomogenität der aggregatspezifischen Kostenfunktionen K_i aufgehoben, folgt daraus, daß die beschäftigungszeitvariablen Kostenverläufe[151] im Optimalverhalten "simultane"[152] Anpassungen der aggregatspezifischen Planungsgrößen für

---

145 Vgl. Haupt/Knobloch (Anpassungsprozesse), S. 507 ff.

146 Vgl. Haupt (Anpassung) S. 396 ff.; Ellinger/Haupt (Produktionstheorie) S. 132 ff.

147 Zur Berechnung von x_i^{opt} vgl. Abschnitt 2.41.

148 Vgl. Haupt (Anpassung) S. 396.

149 Vgl. Haupt (Anpassung) S. 396; Haupt/Knobloch (Anpassungsprozesse), S. 512 ff.

150 Vgl. Haupt (Anpassung) S. 397; Ellinger/Haupt (Produktionstheorie) S. 133 f.

151 Vgl. Ellinger/Haupt (Produktionstheorie) S. 138 f.

152 Vgl. Adam (Abschreibungen) S. 408.

alternative Ausbringungsmengen M_i erforderlich machen können, da nun auch zeitliche Anpassungsprozesse Nichtlinearitäten in der Kostenentwicklung induzieren[153].

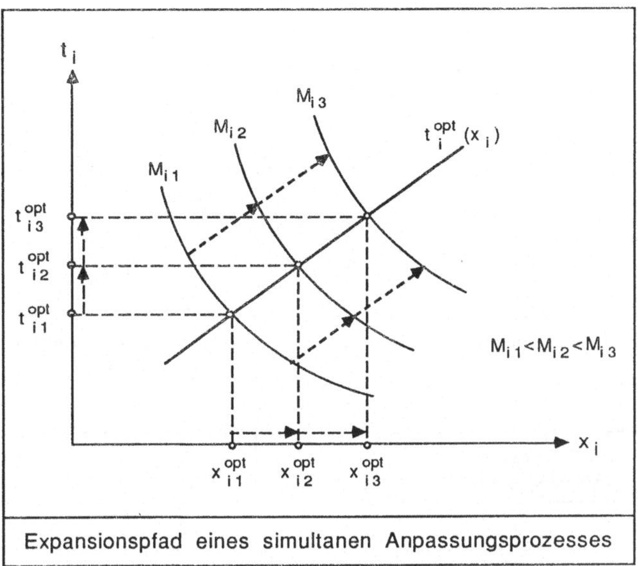

Expansionspfad eines simultanen Anpassungsprozesses

Abbildung 12

Der Expansionspfad $t_i = t_i^{opt}(x_i)$ in Abbildung 12 veranschaulicht eine simultane Optimalpolitik für ein einzelnes Aggregatsystem. Die Bezeichnung "simultan" ist dabei ebenfalls zutreffend, da in diesen Fällen eine parallele Variation der Anpassungsparameter x_i und t_i realisiert wird.

Die Bedeutung der aggregatspezifischen Kostenfunktionen für den Verlauf der optimalen Aggregatanpassung faßt Abb. 13 zusammen.

Der folgende Abschnitt gibt einen Überblick über die in der Literatur diskutierten kombinierten produktions- und kostentheoretischen Anpassungsprozesse mehrerer Produktionsanlagen und nimmt eine modelltheoretische Einordnung dieser Arbeit vor.

153 Vgl. Adam (Abschreibungen) S. 408 ff; Adam (Produktionspolitik) S. 225 ff.; Ellinger/Haupt (Produktionstheorie) S. 137 ff.

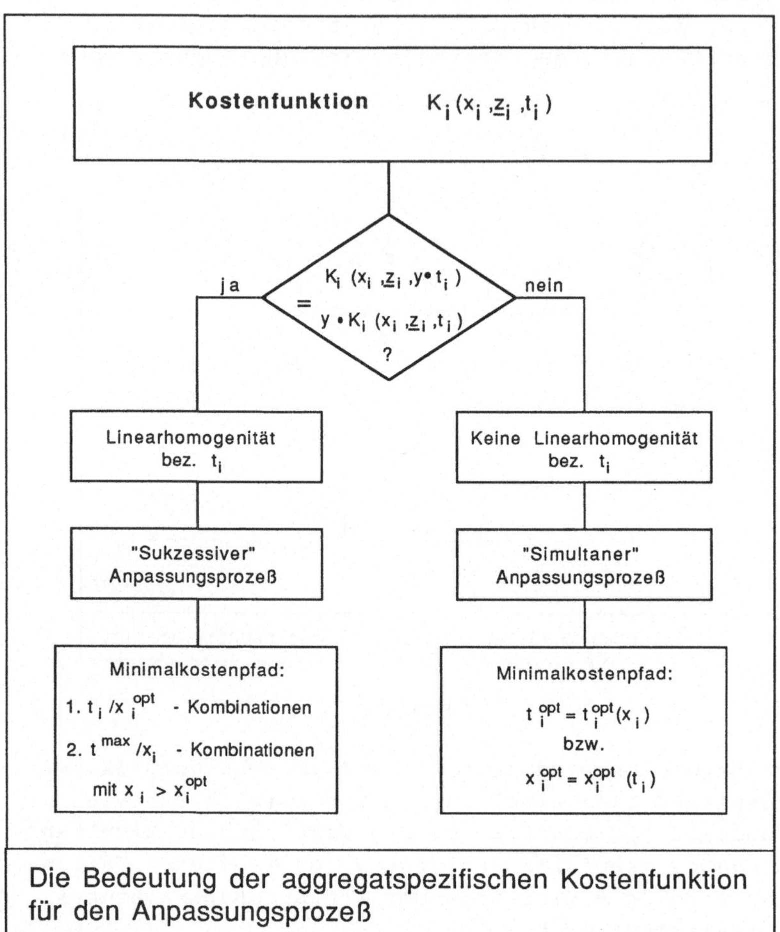

Die Bedeutung der aggregatspezifischen Kostenfunktion für den Anpassungsprozeß

Abbildung 13

3. Stand der Theorie produktions- und kostentheoretischer Anpassungsprozesse

3.1 Überblick über die in der Literatur diskutierten Anpassungsmodelle mehrerer Produktionsanlagen

3.11 Klassifizierung der Modelle

Die Vielzahl möglicher Prämissenkonstellationen und die daraus resultierenden speziellen Anpassungsmodelle zum kostenminimalen Aggregateinsatz erfordern zur systematischen Darstellung deren Klassifizierung[1].

Die unterschiedlichen Modellannahmen betreffen zunächst grundsätzlich die Planungsgrößen "Leistungsgrad", "Beschäftigungsszeit" sowie die "Anzahl betriebsbereiter Aggregatsysteme" und bestimmen damit die grundlegenden Klassifikationskriterien[2].

In Abhängigkeit von der Verfügbarkeit der Entscheidungsvariablen x_i und t_i sowie nach der Anzahl I der Produktionsanlagen lassen sich zunächst die folgenden Standardmodelle (SM) unterscheiden[3], die - soweit möglich - durch die nachstehenden Prämissen gekennzeichnet sind:[4]

1. stetige Variation der Leistungsgrade in ihrem Definitionsbereich $[0,x_i^{max}]$[5],

2. Ausschluß von Leistungsgradschaltungen während des gesamten Produktionsprozesses,

3. freie Variierbarkeit der Beschäftigungszeiten im Intervall $[0,t_i^{max}]$).

---

1 Vgl. Adam (Produktionspolitik) S. 177 ff.; Haupt (Anpassung) S. 393 ff.

2 Adam (Produktionspolitik) S. 178; Haupt (Anpassung) S. 397.

3 Vgl. Adam (Produktionspolitik) S. 178; ADAM spricht für den Fall I > 1 von vier "Typen" kombinierter Anpassungen mehrerer Aggregate.

4 Vgl. Adam (Produktionspolitik) S. 177 f.

5 Diese Prämisse gilt in Abbildung 14 für die dort aufgeführten Fälle variabler Intensitäten.

Parameter / Modell	I		x_i		t_i		Bezeichnung des Anpassungsprozesses
	I = 1	I > 1	var.	const.	var.	const.	
SM 1	●		●		●		zeitlich-intensitätsmäßig
SM 2	●		●			●	intensitätsmäßig
SM 3	●			●	●		zeitlich
SM 4	●			●		●	(keine Anpassung)
SM 5		●	●		●		zeitlich-intensitätsmäßig-quantitativ i.w.S.
SM 6		●	●			●	intensitätsmäßig-quantitativ i.w.S.
SM 7		●		●	●		zeitlich-quantitativ i.w.S.
SM 8		●		●		●	quantitativ i.w.S.

Standardmodelle der Theorie der Anpassung und ihre Klassifizierungskriterien

Abbildung 14

Aufgrund der modellimmanenten Annahme I=1 werden die Modelle SM 1-4 nicht weiter diskutiert. Das Modell SM 4 ist aufgrund fehlender Planungsgrößen ohnehin nicht als Entscheidungsmodell zu betrachten; die Modelle SM 2 und SM 3 sind in ihren "Lösungen" infolge fehlender aggregatspezifischer Freiheitsgrade unproblematisch.

Ausgehend von den genannten Standardmodellen lassen sich - indem die dort zugrundegelegten Prämissen den Planungsproblemen entsprechend modifiziert werden[6] - erweiterte Modelle [EM] herleiten.

Der nachfolgende Abschnitt gibt einen Überblick über die in der Literatur diskutierten Anpassungsmodelle mehrerer Aggregate (I>1, d.h. SM 5 - SM 8), wobei auch kurz auf zugehörige Lösungsansätze verwiesen wird. Eine ausführliche Darstellung der einzelnen Modelle ist im Rahmen der vorliegenden Arbeit jedoch nicht vorgesehen.

6 Vgl. Haupt (Anpassung) S. 397 f.

3.12 Produktions- und kostentheoretische Entscheidungsmodelle zur kurzfristigen Aggregatanpassung

Der kostenminimale Anlageneinsatz auf der Grundlage der Produktionsfunktion GUTENBERGs stellt einen bedeutsamen Teil der in der Literatur diskutierten Verfahrenswahlprobleme dar[7].

Zur Lösung der prämissenabhängigen Planungsprobleme sind unterschiedliche Ansätze aufgezeigt worden, die sich jedoch hinsichtlich ihrer Praktikabilität deutlich unterscheiden[8].

Nachfolgend wird eine Übersicht über die in der Literatur diskutierten Standardmodelle sowie deren Erweiterungen[9] gegeben[10].

Ausgangspunkt der Analyse des kostenminimalen Aggregateinsatzes sind die Ausführungen von JACOB[11], der den Fall der zeitlich-intensitätsmäßig-selektiven Anpassung (SM 5) betrachtet und dieses Planungsproblem mit Hilfe des Lagrange-Verfahrens marginalanalytisch löst[12]. Dabei zerlegt JACOB das Gesamtplanungsproblem in zwei Teilprobleme, die anschließend unabhängig voneinander diskutiert werden[13].

In einem ersten Schritt - der aggregatspezifischen Voroptimierung - werden die verschiedenen Anlagen zunächst isoliert betrachtet und einzeln optimiert[14]. Im zweiten Schritt erfolgt die kostenminimierende Aufteilung der planungsrelevanten Ausbringungsmenge auf die betriebsbereiten Produktionsanlagen[15].

7 Vgl. Fandel (Produktion) S. 289.
8 Vgl. Fandel (Produktion) S. 289 f.
9 Soweit in den folgenden Fußnoten ein Verweis der Art [EM Nr.] auf einen bestimmten erweiterten Modellansatz EM erfolgt, bezieht sich diese Systematisierung auf die Abbildung 15.
10 Aufgrund der Anzahl von Publikationen zum Problemkreis kombinierter Anpassungsprozesse mehrerer Aggregate werden hier lediglich die grundlegenden Arbeiten angeführt, in denen die entsprechenden Modelle erstmals diskutiert und/oder besonders ausführlich dargestellt werden.
11 Vgl. Jacob (Produktionsplanung) S. 205 ff.
12 Vgl. Jacob (Produktionsplanung) S. 216 ff; Fandel (Produktion) S. 289.
13 Vgl. Jacob (Produktionsplanung) S. 222.
14 Vgl. Jacob (Produktionsplanung) S. 222 ff.
15 Vgl. Jacob (Produktionsplanung) S. 222 u. S. 223 ff.

Dieser 2-stufige Lösungsansatz auf der Grundlage voroptimierter aggregatspezifischer Grenzkostenfunktionen wird von den meisten Autoren[16] übernommen[17] und ist für die vorliegende Arbeit von grundlegender Bedeutung[18].

Der explizite Ausschluß zeitlicher oder intensitätsmäßiger Anpassung charakterisiert die Modelle einer intensitätsmäßig-selektiven Anpassung[19] (SM 6) sowie einer zeitlich-selektiven Anpassung[20] (SM 7).

Die von JACOB vorgenommene Grenzkostenbetrachtung führt für diese unmodifizierten Sonderfälle ebenfalls zur gesuchten Optimallösung[21] und ist dabei im zweiten Fall (SM 7) aufgrund konstanter Grenzkosten bei zeitlicher Anpassung besonders einfach zu lösen[22].

Für den Fall der intensitätsmäßig-selektiven Anpassung schlägt PACK[23] alternativ das Optimierungsverfahren der dynamischen Programmierung, d.h. einen Gesamtkostenvergleich, vor.

SCHÜLER[24] kritisiert die Allgemeingültigkeit der Grenzkostenanalyse zur Bestimmung des kostenminimalen Aggregateinsatzes, da das Planungsproblem seiner Ansicht nach nicht vollständig formuliert[25] und bei seiner Lösung auf graphische Darstellungen zurückge-

---

16 Vgl. z.B. Adam (Produktionspolitik) S. 182 ff.; Ellinger/Haupt (Produktionstheorie) S. 145 ff.; Göppl/Zoller (Betriebswirtschaftslehre) S. 109 ff.; Adam (Produktionstheorie) S. 33 ff.; Lücke (Kostentheorie) S. 120 ff.; Fandel (Produktion) S. 294 f.

17 Vgl. Fandel (Produktion) S. 289.

18 Vgl. Abschnitt 5.3.

19 Vgl. Ellinger/Haupt (Produktionstheorie) S. 152; Haupt (Anpassung) S. 398; Adam (Produktionspolitik) S. 179 f.; Pack (Elastizität) S. 258 ff.

20 Adam (Produktionspolitik) S. 179 f.; Haupt (Anpassung) S. 398.

21 Vgl. Pack (Elastizität) S. 273 ff.; Pack (Produktionsplanung) S. 71; Adam (Produktionspolitik) S. 181 f. u. S. 196 ff.

22 Vgl. Pack (Elastizität) S. 291 ff.; Pack (Ermittlung) S. 471 f.; Adam (Produktionspolitik) S. 181 ff. Ellinger/Haupt (Produktionstheorie) S. 143 f.; Krycha (Produktionswirtschaft) S. 244 f.; Heinen (Kostenlehre) S. 510.

23 Vgl. Pack (Elastizität) S. 278 ff.

24 Vgl. Schüler (Prozeßauswahl) S. 438 ff.; Schüler (Anlageneinsatz) S. 27 ff.

25 Die nicht vollständige Formulierung bezieht sich dabei auf die z.T. fehlende Berücksichtigung technischer Leistungsgradrestriktionen. Vgl. Schüler (Prozeßauswahl) S. 440.

griffen wird[26] und verweist ebenfalls auf modifizierte Programmierungsansätze des Operations Research[27].

Auf die lineare Programmierung zur Bestimmung einer optimalen Anpassungsstrategie greift erstmals ALBACH[28] zurück, indem er mit KILGER[29] die Verbrauchsfunktionen der einzelnen Anlagen in diskrete Prozeßpunkte auflöst[30] und damit - infolge der t_i-Linearhomogenität der einzelnen Kostenfunktionen - die Anwendungsvoraussetzungen für dieses Optimierungsverfahren schafft[31].

Werden die Prämissen der Standardmodelle derart modifiziert, daß die daraus resultierenden aggregatspezifischen Kostenfunktionen infolge sprungfixer Kosten weder stetig noch differenzierbar sind, müssen marginalanalytische Lösungsansätze auf Grenzkostenbasis in jedem Fall versagen[32].

Statt der Grenzkostenanalyse schlagen PACK und ADAM für diese Fälle grundsätzlich Gesamtkostenvergleiche vor.

Sind die oben genannten Kostensprünge die Konsequenz nichtstetiger Leistungsgradvariationen[33], greift ADAM[34] auf den Ansatz ALBACHs zurück und formuliert durch diskrete Wahl der Intensitäten ebenfalls einen linearen Programmansatz.

PACK[35] und KARRENBERG/SCHEER[36] diskutieren bei diskreter Produktmengenvariation hingegen einen Anpassungsvorgang auf der Grundlage der Dynamischen Programmierung.

---

26 Vgl. Schüler (Prozeßauswahl) S. 438 ff.; Fandel (Produktion) S. 289.
27 Vgl. Schüler (Prozeßauswahl) S. 441 ff.
28 Vgl. Albach (Produktionsplanung) S. 45 ff.; Albach (Produktionstheorie) S. 137 ff.
29 Vgl. Kilger (Produktionstheorie) S. 64; siehe auch Kilger (Verfahrenswahl) S. 173 ff.
30 Vgl. Albach (Produktionsplanung) S. 45 ff.; Albach (Produktionstheorie) S. 137 ff.; Schüler (Prozeßauswahl) S. 441.
31 Vgl. Fandel (Produktion) S. 290.
32 Vgl. Haupt (Anpassung) S. 398 f.; Adam (Produktionspolitik) S. 179 f.; Ellinger/Haupt (Produktionstheorie) S. 151 f.
33 Vgl. [EM 1]; [EM 3]; [EM 5]; [EM 7]; [EM 9]; [EM 11]; [EM 13] und [EM 15].
34 Vgl. Adam (Produktionspolitik) S. 188 ff.
35 Vgl. Pack (Ermittlung) S. 466 ff.; Pack (Produktionsplanung) S. 67 ff.
36 Vgl. Karrenberg/Scheer (Ableitung) S. 489 ff.

Eine andere Erweiterung des Modells intensitätsmäßig-selektiver Anpassung (SM 6) nimmt zunächst ADAM[37] vor, indem er positive Leistungsgraduntergrenzen $x_i^{min}>0$ im Planungsansatz berücksichtigt[38], wobei die Konsequenzen der Intensitätsobergrenzen für die Gesamtproduktion jedoch außer Betracht gelassen werden. Aufgrund der damit verbundenen Kostensprünge bei Zuschaltung eines Aggregatsystems[39] wird dieses Planungsproblem ebenfalls durch einen Gesamtkostenvergleich gelöst[40].

ALTROGGE[41] geht weiter und betrachtet für das zuvor genannte Modell explizit auch die Auswirkungen der Leistungsgradobergrenzen auf den mengenmäßigen Output[42].

Da in diesem Fall für die Produktmengen ggf. nicht-definierte Teilbereiche zwischen den Ausbringungsmengen bei Einsatz von I-1 und I Anlagen existieren[43], wird der Standardalgorithmus der Dynamischen Programmierung entsprechend modifiziert[44].

Beschäftigungszeitabhängige intensitätsfixe Kosten, wie z.B. die Kosten der Beleuchtung einer Fertigungshalle[45], führen bei Ausschluß zeitlicher Anpassung infolge sprungfixer Kosten bei der Inbetriebnahme eines Anlagensystems[46] ebenfalls zu einem modifizierten Programmansatz[47].

Unter der Annahme, daß letztlich nur endlich viele Leistungsgrade realisierbar sind und somit auch lineare Kostenverläufe existieren[48], entwickeln zunächst DELLMANN und NASTANSKY[49] einen einstufigen simultanen

37 Vgl. Adam (Produktionstheorie) S. 43 ff.; Adam (Produktionspolitik) S. 209 ff.
38 [EM 10]
39 Vgl. Ellinger/Haupt (Produktionstheorie) S. 152; Haupt (Anpassung) S. 398.
40 Vgl. Adam (Produktionstheorie) S. 43 ff.; Adam (Produktionspolitik) S. 209 ff.; Haupt (Anpassung) S. 397 f.
41 Vgl. Altrogge (Einfluß) S. 545 ff.
42 [EM 12].
43 Vgl. dazu auch Abschnitt 5.441.
44 Vgl. Altrogge (Einfluß) S. 550 f.
45 Vgl. Ellinger/Haupt (Produktionstheorie) S. 132.
46 Vgl. Ellinger/Haupt (Produktionstheorie) S. 152; Haupt (Anpassung) S. 398.
47 [EM 8]. Vgl. Pack (Produktionsplanung) S. 67 ff.; Adam (Produktionstheorie) S. 38 ff.
48 Vgl. Dellmann/Nastansky (Produktionsplanung) S. 245.
49 Vgl. Dellmann/Nastansky (Produktionsplanung) S. 239 ff.

LP-Ansatz[50] zur Minimierung der Produktionskosten, wobei Kosteneinsparungen durch Leistungsgraddifferenzierungen realisiert werden können (sog. Intensitätssplitting)[51].

ADAM[52] diskutiert ausführlich das von DELLMANN/NASTANSKY für den Fall der intensitätsmäßig-selektiven Anpassung entwickelte Modell des Intensitätssplittings[53] und leitet den kombinierten Einsatz der einzelnen Aggregatsysteme auf der Grundlage voroptimierter Produktionsanlagen[54] her.

Aus seiner Kritik an der traditionellen Grenzkostenanalyse heraus formuliert SCHÜLER[55] bei stetigem Planungsproblem einen ebenfalls 2-stufigen Programmierungsansatz für das um den Aspekt der Existenz mehrerer optimaler Leistungsgrade[56] modifizierte Standardmodell SM 5. Mit ALBACH[57] wird dabei auch hier zwischen Prozeß- und Verfahrensauswahl differenziert[58].

Die Voroptimierung der einzelnen Produktionsanlagen bezüglich der intensitätsmäßigen Anpassung (Prozeßauswahl) erfolgt auf der Grundlage notwendiger wie hinreichender Bedingungen eines von ZAHL[59] bewiesenen Satzes, welcher lediglich die Stetigkeit der Kostenfunktionen nicht aber deren Differenzierbarkeit verlangt[60]. Die optimale Verfahrenswahl kann abschließend mit Hilfe der Linearen[61] oder der Dynamischen

---

50 Vgl. Schüler (Prozeßauswahl) S. 436 und S. 451; Fandel (Produktion) S. 290.

51 Vgl. Dellmann/Nastansky (Produktionsplanung) S. 250 sowie Abschnitt 5.443.

52 Vgl. Adam (Intensitätssplitting) S. 381 ff.; Adam (Produktionspolitik) S. 213.

53 [EM 14]. Vgl. Dellmann/Nastansky (Produktionsplanung) S. 239 ff. Dieser Ansatz wird später von KILGER noch weitergehend verallgemeinert. Vgl. Kilger (Theorie) S. 126 f.; Kilger (Kostentheorie) S. 1583; Albach (Unternehmenstheorie) S. 631.

54 Vgl. Adam (Intensitätssplitting) S. 387, S. 389 u. S. 391 ff.

55 Vgl. Schüler (Prozeßauswahl) S. 435 ff.; Schüler (Anlageneinsatz) S. 391 ff.; Schüler (Anpassung) S. 162 ff.

56 Vgl. Schüler (Prozeßauswahl) S. 435 ff.

57 Vgl. Albach (Produktionstheorie) S. 137 ff.

58 Schüler (Prozeßauswahl) S. 436 ff. u. S. 450 ff.

59 Vgl. Zahl (Problem) S. 426 ff.

60 Vgl. Schüler (Prozeßauswahl) S. 436 f. und S. 441 ff.

61 Vgl. Schüler (Prozeßauswahl) S. 451 f.; Dellmann/Nastansky (Produktionsplanung) S. 245 ff.

Programmierung[62] erfolgen, da die aggregatspezifischen Kostenfunktionen in ihren nichtlinearen Abschnitten durch lineare Teilabschnitte hinreichend angenähert werden können[63].

BOTTA[64] hat sich ebenfalls mit der Existenz und Bestimmung mehrerer optimaler Leistungsgradschaltungen während eines Produktionsprozesses beschäftigt und bedient sich zur Berechnung optimaler Intensitäten der mathematischen Variationsrechnung[65] mit Hilfe Eulerscher Differentialgleichungen[66].

ADAM[67] analysiert für das Modell der intensitätsmäßig-selektiven Anpassung (SM 6) Besonderheiten aufgrund symmetrischer[68], rechtsschiefer[69] oder linksschiefer[70] Grenzkostenfunktionen. Dabei kann im Fall linksschiefer Grenzkostenverläufe die verfahrenskritische Ausbringungsmenge für die selektive Anpassung - infolge von Kostensprüngen - nur durch Gesamtkostenvergleiche hergeleitet werden kann[71]. Die optimale Anpassungsstrategie für die beiden anderen Modellvarianten wird mathematisch mittels Grenzkostenrechnung bestimmt sowie graphisch veranschaulicht[72].

Das Planungsproblem einer ausschließlich selektiven Anpassung (SM 8) ist infolge reduzierter aggregatspezifischer Kostenfunktionen auf jeweils nur einen Kostenpunkt durch Gesamtkostenvergleiche besonders einfach zu lösen[73].

---

62 Vgl. Schüler (Prozeßauswahl) S. 452 f; Pack (Ermittlung) S. 466 ff.

63 Vgl. Dellmann/Nastansky (Produktionsplanung) S. 239 ff.; Fandel (Produktion) S. 290.

64 Vgl. Botta (Bestimmung) S. 89 ff.

65 Vgl. Lambrecht (Optimierung) S. 126 ff.; Roski (Einsatz) S. 53. Zur Variationsrechnung vgl. Clegg (Variationsrechnung).

66 Vgl. Botta (Bestimmung) S. 95 ff.; Allen (Mathematik) S. 551. Zum ökonomischen Anwendungsbereich der Eulerschen Differentialgleichungen für diesen Fall vgl. Botta (Bestimmung) S. 100 Fußnote 31.

67 Vgl. Adam (Produktionspolitik) S. 196 ff.

68 [EM 2]. Vgl. Adam (Produktionspolitik) S. 204 ff.

69 [EM 4]. Vgl. Adam (Produktionspolitik) S. 198 ff.; Pack (Ermittlung) S. 466 f.; Fandel (Produktion) S. 303 ff.

70 [EM 6]. Vgl. Adam (Produktionspolitik) S. 207 ff.

71 Vgl. Adam (Produktionspolitik) S. 209.

72 Vgl. Adam (Produktionspolitik) S. 198 ff.

73 Vgl. Ellinger/Haupt (Produktionstheorie) S. 143 ff.; Heinen (Kostenlehre) S. 510 f.; Lücke

Ausgehend von einem dynamischen produktionstheoretischen Modell, welches explizit den funktionalen Zusammenhang von auf unterschiedliche Zeitpunkte datierten Planungsgrößen berücksichtigt[74], diskutieren STÖPPLER[75] und LUHMER[76] auch daraus resultierende Einflüsse auf den Einsatz der Produktionsanlagen einer Unternehmung[77].

Zur Lösung derartig modifizierter Planungsprobleme wird hierbei auf das Maximumprinzip von PONTRJAGIN, einem mathematischen Verfahren der Kontrolltheorie zur Optimierung dynamischer Steuerungsaufgaben[78], zurückgegriffen[79].

Ausgangspunkte dieser Überlegungen sind zum einen "Lern"- bzw. "Verlerneffekte"[80], Lagerhaltungen sowie Absatzschwankungen der Produktion[81], zum anderen Verschleißprozesse der Aggregatsystems sowie Instandhaltungsvorgänge[82].

Besonderheiten ergeben sich für einige der oben vorgestellten Modelle durch die explizite Berücksichtigung von Stillegungs-[83], Stillstands-[84] und Anlaufkosten[85] sowie durch die Integration von Überstundenlöhnen[86],

---

(Kostentheorie) S. 118 f.; Pack (Elastizität) S. 254 ff.; Jehle/Müller/Michael (Produktionswirtschaft) S. 102.

74 Vgl. Ellinger/Haupt (Produktionstheorie) S. 52 u. S. 198. Siehe auch Abschnitt 1.1 dieser Arbeit.

75 Vgl. Stöppler (Produktionstheorie).

76 Vgl. Luhmer (Produktionsprozesse).

77 Vgl. Stöppler (Produktionstheorie) S. 81 ff.; Luhmer (Produktionsprozesse) S. 46 ff.

78 Vgl. auch Stepan/Fischer (Optimierung) S. 207 ff.; Feichtinger/Hartl (Kontrolle) S. 3 u. S. 16 ff.; Roski (Einsatz) S. 151 ff.

79 Vgl. Stöppler (Produktionstheorie) S. 85 ff.; Luhmer (Produktionsprozesse) S. 87 ff. u. 172 ff.

80 Vgl. dazu auch Abschnitt 4.2212 der Arbeit.

81 Vgl. Stöppler (Produktionstheorie) S. 103 ff.

82 Vgl. Luhmer (Produktionsprozesse) S. 114 ff.

83 Vgl. Pack (Elastizität) S. 322 ff.; Dellmann/Nastansky (Produktionsplanung) S. 263 ff.

84 Vgl. Pack (Elastizität) S. 324 ff.; Adam (Produktionspolitik) S. 253 ff.; Bogaschewsky/Sierke (Aggregatkombinationen) S. 980.

85 Vgl. Jacob (Produktionsplanung) S. 230 ff.; Schüler (Prozeßauswahl) S. 454 ff.; Karrenberg/Scheer (Ableitung) S. 689 ff.

86 Vgl. Jacob (Produktionsplanung) S. 227 ff.; Pack (Elastizität) S. 83 ff. und S. 198 ff.

Kurzarbeitergeld[87] und Kosten der Intensitätsumstellung[88] in den Planungsansatz.

BOGASCHEWSKY/SIERKE[89] diskutieren - wie auch JACOB[90], DINKELBACH/HAX[91], PACK[92] und SCHÜLER[93] - ausführlich ein um die Kosten der Inbetriebnahme weiter entwickeltes zeitlich-intensitätsmäßig-selektives Anpassungsproblem, zu dessen Lösung sie auf das um Kuhn-Tucker-Bedingungen erweiterte Lagrange-Verfahren zurückgreifen[94].

DELLMANN und NASTANSKY integrieren die Kosten der Produktionsunterbrechung in den Modellansatz des Intensitätssplittings mehrerer Aggregatsysteme[95].

Den expliziten Einfluß von Kurzarbeitergeld auf den Anlageneinsatz analysiert PACK[96].

FEICHTINGER, KISTNER und LUHMER[97] erweitern das Modell des Intensitätssplittings um den Aspekt von sich nur endlich schnell vollziehenden Intensitätsumstellungen und daraus resultierenden Schaltkosten sowie um Kosten der Lagerung zum Ausgleich zwischen Produktions- und Absatzmengen[98] in den entsprechenden Produktionsstellen und formulieren hierfür ein kontrolltheoretisches - dynamisches - Modell des Intensitätssplittings.

ROSKI[99] interpretiert den von LAMBRECHT[100] und BOTTA[101] vorgestellten Planungsansatz zur Mimimierung der Betriebskosten als "optimales Kontrollproblem oder Problem optimaler Steuerung"[102] des Anlageneinsatzes und

87 Vgl. Pack (Fertigen) S. 1179 ff.
88 Vgl. Dellmann/Nastansky (Produktionsplanung) S. 257 ff.
89 Vgl. Bogaschewsky/Sierke (Aggregatkombinationen) S. 978 ff.
90 Vgl. Jacob (Produktionplanung) S. 230 ff.
91 Vgl. Dinkelbach/Hax (Anwendung) S. 179 ff.
92 Vgl. Pack (Elastizität) S. 322 ff.
93 Vgl. Schüler (Prozeßauswahl) S. 454 ff.
94 Vgl. Bogaschewsky/Sierke (Aggregatkombinationen) S. 983 ff.
95 Vgl. Dellmann/Nastansky (Produktionsplanung) S. 265 ff.
96 Vgl. Pack (Fertigen) S. 1179 ff.
97 Vgl. Feichtinger/Kistner/Luhmer (Modell) S. 1242 ff.
98 Vgl. Feichtinger/Kistner/Luhmer (Modell) S. 1245 u. S. 1254.
99 Vgl. Roski (Einsatz) S. 44 ff.; Roski (Aggregatkosten) S. 531 ff.
100 Vgl. Lambrecht (Optimierung) S. 126 ff.
101 Vgl. Botta (Bestimmung) S. 89 ff.
102 Vgl. Roski (Einsatz) S. 53.

entwickelt hierfür ein allgemeines dynamisches (quantitatives) Optimierungsmodell.

Dieser ebenfalls kontrolltheoretische Planungsansatz[103] betrachtet grundsätzlich nur ein einzelnes Aggregatsystem[104] und geht von einem mittel- bis langfristigen Planungshorizont aus, indem eine an periodenabhängige Überschüsse anknüpfende Barwertfunktion über den gesamten Nutzungszeitraum[105] einer Produktionsanlage maximiert wird[106].

KNOLMAYER[107] diskutiert für bestimmte Anpassungsstrategien deren Einfluß auf die Isoquanten in GUTENBERG-Produktionsmodellen.

Umfassendere Darstellungen zur kurzfristigen Kostenpolitik einer Unternehmung auf der Grundlage der GUTENBERG-Produktionsfunktion finden sich in der produktions- und kostentheoretischen Literatur[108].

Neben GUTENBERG[109] wird hier besonders auf die Ausführungen von ADAM[110], BLOECH/LÜCKE[111], ELLINGER/HAUPT[112], FANDEL[113], HEINEN[114], JEHLE/MÜLLER/MICHAEL[115], KAHLE[116], KERN[117], KISTNER[118], LÜCKE[119], PACK[120] und SCHWEITZER/KÜPPER[121] verwiesen, da

103 Vgl. Roski (Modelle) S. 15 ff.
104 Vgl. Roski (Einsatz) S. 21.
105 Vgl. Roski (Einsatz) S. 149.
106 Vgl. Roski (Einsatz) S. 157 ff.; Roski (Aggregatkosten) S. 532 f.
107 Vgl. Knolmayer (Anpassungsmöglichkeiten) S. 1122 ff.
108 Zur Systematisierung von produktionstheoretischen Modellen vgl. auch Knolmayer (Systematisierungsversuche) S. 87 ff.
109 Vgl. Gutenberg (Grundlagen) S. 348 ff.
110 Vgl. Adam (Produktionspolitik) S. 128 ff.
111 Vgl. Bloech/Lücke (Produktionswirtschaft) S. 135 ff.
112 Vgl. Ellinger/Haupt (Produktionstheorie) S. 142 ff.
113 Vgl. Fandel (Produktion) S. 289 ff.
114 Vgl. Heinen (Kostenlehre) S. 492 ff.; Heinen (Anpassungsprozesse).
115 Vgl. Jehle/Müller/Michael (Produktionswirtschaft) S. 107 ff.
116 Vgl. Kahle (Produktion) S. 42 ff.
117 Vgl. Kern (Industrielle Produktionswirtschaft) S. 41 ff.
118 Vgl. Kistner (Produktionstheorie) S. 115 ff.
119 Vgl. Lücke (Kostentheorie) S. 110 ff.
120 Vgl. Pack (Elastizität) S. 190 ff.
121 Vgl. Schweitzer/Küpper (Produktionstheorie) S. 186 ff.

dort die genannten Planungsprobleme des kostenminimalen Anlageneinsatzes analysiert und deren Anpassungsprozesse ausführlich beschrieben werden.

3.13 Zusammenfassung

Die nachfolgende Abbildung gibt - in Anlehnung an ADAM[122] und HAUPT[123] - einen Überblick über die wichtigsten in der Literatur diskutierten produktions- und kostentheoretischen Anpassungsmodelle mehrerer Produktionsanlagen.

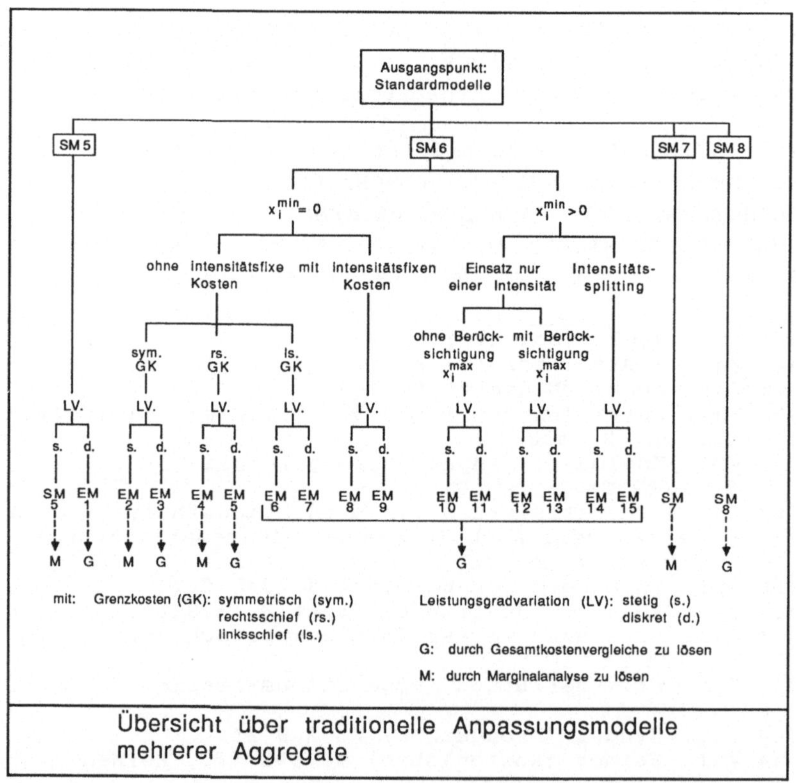

Übersicht über traditionelle Anpassungsmodelle mehrerer Aggregate

Abbildung 15

122 Vgl. Adam (Produktionspolitik) S. 180.
123 Vgl. Haupt (Anpassung) S. 398.

Ausgehend von den Standardmodellen werden in Abb. 15 die grundlegend erweiterten Modellansätze in den Modellzusammenhang eingegliedert. Die genannten Lösungsansätze - Marginalanalyse (M) oder Gesamtkostenanalyse (G) - werden entsprechend zugeordnet[124].

3.2 Modelltheoretische Einordnung der Arbeit

Die vorliegende Arbeit betrachtet simultane Anpassungsprozesse mehrerer Aggregatsysteme infolge beschäftigungszeitvariabler Faktorkosten.

In der Literatur werden simultane Anpassungsstrategien für ein einzelnes Aggregat zunächst von KOCH[125] beschrieben und von ADAM[126] und ALTROGGE[127] weitergehend analysiert.

Für mehrere Produktionsanlagen wurden - soweit erkennbar - Simultananpassungen bisher nicht diskutiert.

Die vorliegende Arbeit erweitert insofern die Theorie der kombinierten Anpassung auf der Grundlage der GUTENBERG-Produktionsfunktion um den Aspekt simultaner Aggregatanpassungen.

Werden die aus der Literatur bekannten Modelle als Sonderfälle einer Simultananpassung interpretiert[128] (nämlich für zeitkonstante statt zeitvariabler Faktoreinsätze), so wird nachfolgend ein umfassendes Dispositionsmodell zur produktions- und kostentheoretisch fundierten Anpassungspolitik mehrerer Aggregatsysteme vorgestellt[129].

In Abhängigkeit von modellspezifischen Freiheitsgraden der Produktion werden zunächst vier grundlegende Modellvarianten - Modelle A, B, D und F - unter-

---

124 Vgl. auch Haupt (Anpassung) S. 398; Adam (Produktionspolitik) S. 180.
125 Vgl. Koch (Analyse) S. 957 ff.; Koch (Kostenfunktionen) S. 418 ff.
126 Vgl. Adam (Abschreibungen) S. 405 ff.; Adam (Produktionspolitik) S.225 ff.
127 Vgl. Altrogge (Kostenfunktionen) S. 412 ff.
128 Vgl. auch Abschnitt 4.21 und 5.441 der Arbeit.
129 Zum Problem der Praktikabilität derartiger Modellansätze vgl. auch Bäuerle (Konstruktion) S. 175 ff. Siehe dazu allgemeiner Hammann (Entscheidungsmodelle) S. 457 ff.

schieden[130], wobei die Konsequenzen beschränkter aggregatspezifischer Planungsparameter für den optimalen Anlageneinsatz systematisch herausgearbeitet werden.

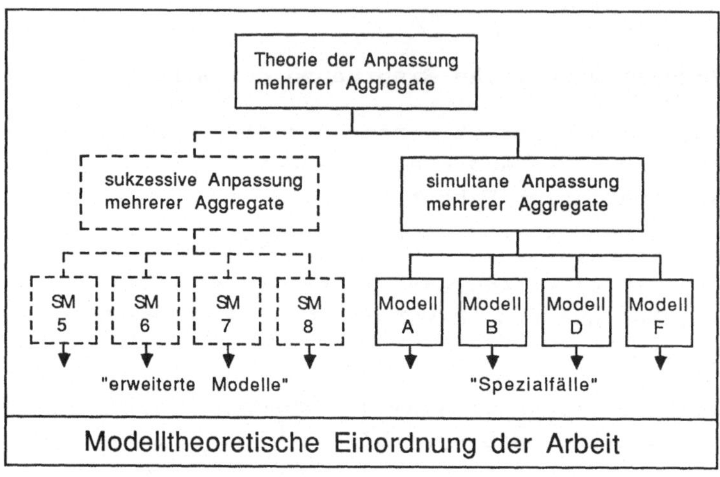

Abbildung 16

Weitergehende Nebenbedingungen der Produktion führen zu modifizierten Modellvarianten, die in ihren Freiheitsgraden z.T. den Standardmodellen einer sukzessiven Anpassung entsprechen.

Die modelltheoretische Einordnung der vorliegenden Arbeit veranschaulicht Abbildung 16.

Neben der Erweiterung produktions- und kostentheoretischer Entscheidungsmodelle zum kostenminimalen Einsatz mehrerer Produktionsanlagen soll in der vorliegenden Arbeit zunächst ein konzeptioneller Ansatz zur wertmäßigen Erfassung zeitvariabler Faktorverbräuche formuliert werden.

130 Dabei sind diese Modellvarianten nicht in unmittelbarer Entsprechung zu den Standardmodellen SM 1-4 zu sehen, da diesen unterschiedliche Prämissenkonstellationen zugrundeliegen und insofern gerade keine Analogie hergestellt werden kann.

Darauf aufbauend wird die Zeitabhängigkeit einiger planungsrelevanter Kostenarten näher analysiert, wobei auch charakteristische Verlaufsgesetzmäßigkeiten produktionstheoretisch hergeleitet werden.

4. Integration zeitvariabler Faktorverbräuche in betriebswirtschaftliche Kostenfunktionen

4.1 Zeitliche Gliederung eines Produktionsprozesses

Da die Verbrauchs- und Kostengesetzmäßigkeiten in den einzelnen Zeitabschnitten der Produktion[1] variieren[2] und die Kostenpolitik einer Unternehmung diesen Gesetzmäßigkeiten Rechnung tragen muß, sind zunächst die Annahmen zur zeitlichen Gliederung eines Produktionsprozesses zu erörtern.

Für die Abhängigkeit der Faktorkosten von der jeweiligen "Zeitkomponente" ist insbesondere der Zusammenhang zwischen technischem und ökonomischem Output verantwortlich[3]. Die oben[4] formulierte Proportionalitätsbeziehung während der "Werkverrichtungsphase" hat z.B. in den Leer- und Anlaufphasen der Produktion keine Gültigkeit[5].

Erstmals in der produktionstheoretischen Literatur unterscheidet HEINEN[6] nach dem Kriterium des "Leistungsgrad-Verlaufs der Betriebsmittel"[7] zwischen Anlauf-, Bearbeitungs-, Auslauf-, Leerlauf- und Stillstandzeiten der Produktion und formuliert eine betriebsmittelbezogene Gliederung[8] des Fertigungsprozesses.

Eine auftragsorientierte Gliederung ergibt sich z.B. nach REFA[9], wobei grundsätzlich zwischen Rüst- und Ausführungszeiten differenziert wird[10].

---

1 Vgl. Hilke (Zeitkomponenten) Sp. 2281 ff.
2 Vgl. Haupt (Produktionstheorie) S. 64.
3 Vgl. Haupt (Produktionstheorie) S. 64.
4 Vgl. Abschnitt 2.23 der Arbeit.
5 Vgl. Haupt (Produktionstheorie) S. 64.
6 Vgl. Heinen (Kostenlehre) S. 254 ff.
7 Vgl. Haupt (Produktionstheorie) S. 65.
8 Vgl. Altrogge (Maschinenbelastung) S. 20 ff. u. S. 112 ff.; Haberbeck (Ermittlung) S. 28 f.; Laßmann (Einflußgrößenrechnung) S. 431; Haupt (Produktionstheorie) S. 65.
9 Vgl. Refa (Datenermittlung) S. 42.
10 Vgl. Kern (Produktionswirtschaft) S. 269; Kirchner (Vorgabezeitermittlung) Sp. 2207 ff.; Küpper (Interdependenzen) S. 170 f.

Die Kombination der genannten Gliederungskonzeptionen[11] ergibt die nachfolgende "vereinfachte auftragsorientierte Betriebsmittelzeit-Gliederung"[12].

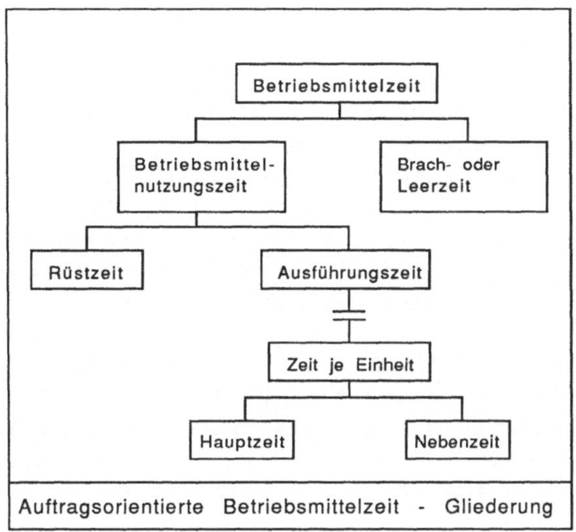

Auftragsorientierte Betriebsmittelzeit - Gliederung

Abbildung 17

Brach- oder Leerzeiten erfassen die Differenzen zwischen Betriebsmittelzeit und Betriebsmittelnutzungszeit[13].

Während der Rüstzeiten werden Umstellungen der einzelnen Anlagen auf ein neues Auftragslos durchgeführt[14], d.h. hier erfolgt die Vorbereitung der nachfolgenden Werkverrichtungen der Ausführungszeiten[15].

In den Nebenzeiten eines Produktionsprozesses erfolgen ggf. stückzahlabhängige teilautomatisierte Vor- oder Nachbereitungen der Fertigung[16]. Infolgedessen entfallen die Nebenzeiten in vollautomatisierten Fertigungsprozessen[17].

11 Vgl. auch Hilke (Zeitkomponenten) Sp. 2281 ff.
12 Vgl. Haupt (Produktionstheorie) S. 66.
13 Vgl. Hilke (Zeitkomponenten) Sp. 2286.
14 Vgl. Haupt (Produktionstheorie) S. 66 f.
15 Vgl. Hilke (Zeitkomponenten) Sp. 2286.
16 Vgl. Haupt (Produktionstheorie) S. 67. Die Nebenzeiten beinhalten grundsätzlich auch "manuelle" Verrichtungen ("hand-fed operated machines", "hand time"). Vgl. Boon (Choice) S. 18 ff.; Haupt (Produktionstheorie) S. 67. Als Beispiel seien hierfür die Qualitätsprüfungen genannt. Vgl. Haupt (Produktionstheorie) S. 67.
17 Vgl. Haupt (Produktionstheorie) S. 67.

Aufgrund einer angenommenen Proportionalitätsbeziehung von Haupt- und Nebenzeiten können letztere auch "als in den Hauptzeiten enthalten"[18] betrachtet und im folgenden vernachlässigt werden.

Da Rüstvorgänge grundsätzlich an ruhenden Anlagen vorgenommen werden[19], entspricht die Rüstzeit i.d.R. der Stillstands- oder Leerlaufzeit[20], wobei lediglich im Leerlauf eines Aggregatsystems - rüstzeitproportionale - Betriebsstoffverbräuche existieren[21].

Sind im Einzelfall z.B. Probeläufe erforderlich, kann ebenfalls eine Zeitproportionalität des Betriebsstoffeinsatzes vorausgesetzt werden[22].

Da diese Arbeit explizit beschäftigungszeitvariable Faktorverbräuche voraussetzt, beziehen sich die nachfolgenden Ausführungen auf den ökonomisch produktiven Anlageneinsatz während der Hauptzeiten (Ausführungszeiten) der Fertigung[23].

Im folgenden sind bestimmte zeitvariable Faktoreinsatzgesetzmäßigkeiten als Ursache simultaner Aggregatanpassungen zu diskutieren.

4.2 Produktionstheoretische Begründung und wertmäßige Erfassung zeitvariabler Faktoreinsätze

4.21 Konzeptioneller Ansatz zur wertmäßigen Erfassung zeitvariabler Faktoreinsätze

Zeitvariable Faktoreinsätze sind durch nicht konstante Grenzfaktorverbräuche - $R'^{t(M)}$ - bei Variation der Ausbringungsmenge durch Einflußnahme auf die betriebliche Einsatzzeit charakterisiert[24].

---

18 Haupt (Produktionstheorie) S. 67.
19 Vgl. Ellinger (Wechselproduktion) S. 203 f.; Hackstein/Sieper (Produktion) Sp. 574 ff.
20 Vgl. Haupt (Produktion) S. 67.
21 Vgl. Haupt (Produktion) S. 67.
22 Vgl. Seelbach (Produktionstheorie) S. 276; Kilger (Theorie) S. 114.
23 Da grundsätzlich nur während der Ausführungszeiten Dispositionen über die mengenmäßige Güterproduktion unmittelbar realisiert werden, rechtfertigt dies ebenfalls die Beschränkung der Betrachtungen auf diese Zeitkomponente.
24 Vgl. Adam (Produktionspolitik) S. 225; Haupt (Produktionstheorie) S. 56 ff. u. S. 76 ff.

Da sich nach GUTENBERG der Gesamtfaktorverbrauch R_{hi} der Faktorart h einer Anlage i formal aus dem Produkt von mengenspezifischer Verbrauchsfunktion $r_{hi}(x_i, \underline{z}_i)$ und Ausbringungsmenge M_i als

$$R_{hi} = r_{hi}(x_i, \underline{z}_i) \cdot M_i$$

ergibt, und für die Produktmenge die Nebenbedingung

$$M_i = x_i \cdot t_i$$

gilt, ist dieser Grenzfaktorverbrauch bei zeitlicher Anpassung definiert als

$$R_{hi}{}'^{t(M)} = \frac{\partial R_{hi}}{\partial M_i} = \frac{\partial R_{hi}}{\partial t_i} \cdot \frac{\partial t_i}{\partial M_i} .$$

Aus der dieser Arbeit zugrundegelegten Bedingung

$$R_{hi}{}'^{t(M)} = \text{const.}$$

beschäftigungszeitabhängiger Grenzfaktorverbräuche folgt unmittelbar für den Gesamtfaktorverbrauch die funktionale Abhängigkeit

$$\frac{\partial R_{hi}}{\partial t_i} = \frac{\partial R_{hi}}{\partial t_i}(t_i) = \text{const.},$$

da der Term

$$\frac{\partial t_i}{\partial M_i} = \frac{1}{x_i}$$

definitionsgemäß von der Beschäftigungszeit t_i unabhängig ist.

Aus der damit hergeleiteten hinreichenden Bedingung für einen beschäftigungszeitabhängigen Faktoreinsatz

$$\frac{\partial R_{hi}}{\partial t_i}(t_i) = \text{const.}$$

folgt als Charakteristikum dieser Verbrauchsgesetzmäßigkeiten letztlich

$$\frac{\partial r_{hi}(x_i, \underline{z}_i)}{\partial t_i}(t_i) = \text{const.}^{25},$$

d.h. eine Abhängigkeit des mengenspezifischen Faktorverbrauchs von der Beschäftigungszeit t_i, da die aggregatspezifische Produktion M_i als zeitlineare parametrische Konstante vorgegeben ist.

Für den Fall zeitvariabler Faktorverbräuche ist die aggregatspezifische Verbrauchsfunktion infolgedessen um die Einflußgröße t_i zu erweitern und allgemein als

$$r_{hi} = r_{hi}(x_i, \underline{z}_i, t_i)$$

zu formulieren[26].

Dieser Ansatz beinhaltet dabei die beiden Spezialfälle

1. beschäftigungszeitabhängiger Leistungsgrade[27]
   $r_{hi} = r_{hi}\ [x_i(t_i), \underline{z}_i^c]$ sowie

2. beschäftigungszeitabhängiger z-Situationen[28]
   $r_{hi} = r_{hi}\ [x_i, \underline{z}_i(t_i)]$.

Die vorliegende Arbeit betrachtet im folgenden ausschließlich den 2. Fall beschäftigungszeitabhängiger aggregatspezifischer z-Situationen $\underline{z}_i$, mit

$$\underline{z}_i = \underline{z}_i(t_i).$$

Bezeichnet der Ausdruck $\underline{z}_i(\tau_i)$ die z-Situation der Anlage i im Zeitpunkt τ_i - für $\tau_i \in [0, t_i]$ -, lassen sich die Momentanverbräuche[29] $R_{hi}'^{t}$ sowie die Momentan-

---

25 Vgl. Haupt (Produktionstheorie) S. 56 ff. u. S. 76 ff.

26 Vgl. Adam (Produktionspolitik) S. 225.

27 Diesen Fall der Berücksichtigung zeitvariabler Leistungsgrade diskutiert die kinetische Produktionsfunktion vom Typ C von HEINEN. Vgl. Heinen (Kostenlehre) S. 244 ff.; Botta (Produktionsfunktionen) S. 116; Lücke (Produktionstheorie) Sp. 1627 f.; Stein (Zeitaspekt) S. 70 ff.; Zierul (Arbeit) S. 36 ff.; Ellinger/Haupt (Produktionstheorie) S. 158 ff.; Haupt (Produktionstheorie) S. 56 f.

28 Vgl. Lambrecht (Optimierung) S. 71 ff.; Haupt (Produktionstheorie) S. 57 f.; siehe auch Roski (Aggregatkosten) S. 531 ff.

29 Die Momentanverbräuche geben die Faktoreinsätze zu einem Zeitpunkt τ_i des Produktionsprozesses an und sind formal definiert als $\partial R_i / \partial t_i$. Vgl. Haupt

kosten[30] $K_{hi}'^t$ der Faktorart h allgemein als

$$R_{hi}'^t = R_{hi}'^t[x_i, \underline{z}_i(\tau_i)]$$

bzw.

$$K_{hi}'^t = p_h \cdot R_{hi}'^t[x_i, \underline{z}_i(\tau_i)]$$
$$= K_{hi}'^t[x_i, \underline{z}_i(\tau_i)]$$

formulieren.

Infolge vorgegebener konstanter Leistungsgrade x_i[31] und Faktorpreise p_h ergibt sich hieraus für die Kosten K_{hi}:

$$K_{hi} = \int_{\tau_i=0}^{t_i} K_{hi}'^t[x_i, z_i(\tau_i)]\, d\tau_i$$

$$= \int_{\tau_i=0}^{t_i} K_{hi}'^t[z_i(\tau_i)]\, d\tau_i$$

$$= K_{hi}[x_i, \underline{z}_i(t_i), t_i].$$

Diesen Zusammenhang veranschaulicht die folgende Abbildung.

(Produktionstheorie) S. 56 f. und S. 76.

30 Die zeitpunktspezifischen Momentankosten – $\partial K_i/\partial t_i$ – ergeben sich durch Bewertung des Momentanverbrauchs mit den faktorartspezifischen Preisen des Beschaffungsmarktes – vgl. Adam (Produktionstheorie) S. 153 –, deren Konstanz auch hier vorausgesetzt wird.

31 Diese Vorgabe resultiert aus der Mengenbedingung der Produktion.

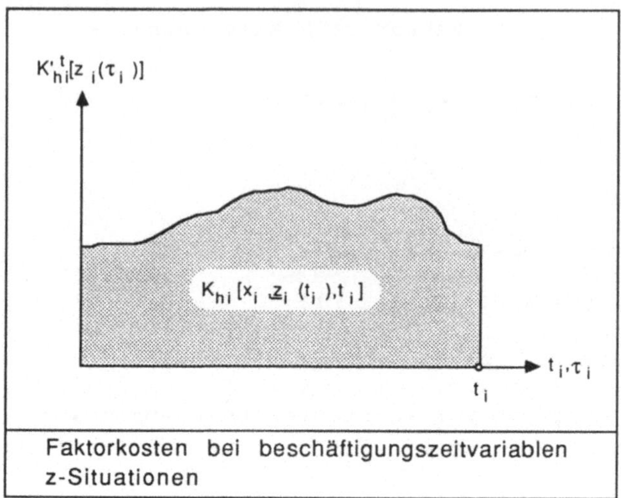

Faktorkosten bei beschäftigungszeitvariablen z-Situationen

Abbildung 18

Ist die Existenz zeitvariabler Faktorverbräuche auf das Zeitintervall $[\tau_i^{AZ}, \tau_i^{EZ}]$ der Beschäftigungszeit t_i beschränkt und gilt $\tau_i^{AZ}>0$ und $\tau_i^{EZ}<t_i$, sind für den Produktionsprozeß drei Zeitintervalle zu unterscheiden, wobei in zwei Zeitabschnitten die traditionellen Kostenfunktionen des GUTENBERG-Modells Gültigkeit haben.

Für die Produktionskosten K_{hi} ergibt sich in diesem Fall:

$$K_{hi} = \int_{\tau_i=0}^{\tau_i^{AZ}} K_{hi}'^{t}[x_i, z_i(\tau_i)]\, d\tau_i$$

$$+ \int_{\tau_i=\tau_i^{AZ}}^{\tau_i^{EZ}} K_{hi}'^{t}[x_i, z_i(\tau_i)]\, d\tau_i$$

$$+ \int_{\tau_i=\tau_i^{EZ}}^{t_i} K_{hi}'^{t}[x_i, z_i(\tau_i)]\, d\tau_i$$

$$= k_{hi}(x_i, \underline{z}_i) \cdot x_i \cdot [t_i^{AZ} + (t_i - t_i^{EZ})]$$

$$+ \int_{\tau_i = \tau_i^{AZ}}^{\tau_i^{EZ}} K_{hi}{}'^{t} [x_i, z_i(\tau_i)] \, d\tau_i .$$

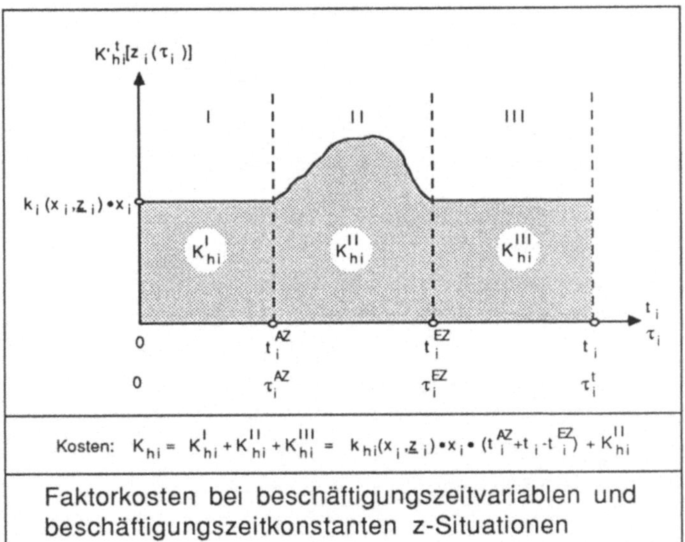

Kosten: $K_{hi} = K^{I}_{hi} + K^{II}_{hi} + K^{III}_{hi} = k_{hi}(x_i, \underline{z}_i) \cdot x_i \cdot (t_i^{AZ} + t_i - t_i^{EZ}) + K^{II}_{hi}$

Faktorkosten bei beschäftigungszeitvariablen und beschäftigungszeitkonstanten z-Situationen

Abbildung 19

In Abb. 19 wird deutlich, daß sich eine zeitlineare faktorartenspezifische Kostenfunktion, wie sie GUTENBERG betrachtet, aus diesem Ansatz als einfacher Spezialfall bei konstanten Momentankosten ableiten läßt.

Die Gesamtkosten der Güterproduktion ergeben sich dann allgemein als

$$K[x, z(t), t] = \sum_{i=1}^{I} \sum_{h=1}^{H} \int_{\tau_i = 0}^{t_i} K_{hi}{}'^{t} [x_i, z_i(\tau_i)] \, d\tau_i ,$$

mit:

$\underline{x}$ = Vektor der Leistungsgrade $(x_1, \dots, x_I)$,
$\underline{z}$ = Vektor der z-Situationen $[\underline{z}_1(t_1), \dots, \underline{z}_I(t_I)]$[32],
$\underline{t}$ = Vektor der Beschäftigungszeiten $(t_1, \dots, t_I)$.

Die Kostenfunktion der Gesamtproduktion $K(\underline{x}, \underline{z}(\underline{t}), \underline{t})$ läßt sich jetzt in eine "Grundkomponente" $K^G(\underline{x}, \underline{z}^c, \underline{t})$ sowie eine "Korrekturkomponente" $K^K[\underline{x}, \underline{z}(\underline{t}), \underline{t}]$ zerlegen, wobei K^G die traditionelle Kostenfunktion auf der Grundlage des zeitlinearen GUTENBERG-Modells darstellt und K^K die erforderlichen Wertkorrekturen aufgrund beschäftigungszeitvariabler Faktorverbräuche erfaßt[33].

Formal ergibt sich somit der folgende Kostenansatz für beschäftigungszeitkonstante und -variable Kostenarten:

$$K(\underline{x}, \underline{z}(\underline{t}), \underline{t})$$

$$= K^G(\underline{x}, \underline{z}, \underline{t}) + [K(\underline{x}, \underline{z}(\underline{t}), \underline{t}) - K^G(\underline{x}, \underline{z}, \underline{t})]$$

$$= K^G(\underline{x}, \underline{z}, \underline{t}) + K^K[\underline{x}, \underline{z}(\underline{t}), \underline{t}]$$

$$= \sum_{i=1}^{I} \sum_{h=1}^{H} K_{hi}{}^G(x_i, \underline{z}_i, t_i)$$

$$+ \sum_{i=1}^{I} \sum_{h=1}^{H} v_{ih} \cdot K_{hi}{}^K[x_i, \underline{z}_i(t_i), t_i]$$

$$= \sum_{i=1}^{I} \sum_{h=1}^{H} \int_{\tau_i=0}^{t_i} k_i(x_i, z_i) \cdot x_i \, d\tau_i$$

$$+ \sum_{i=1}^{I} \sum_{h=1}^{H} v_{ih} \cdot \int_{\tau_i=0}^{t_i} K_{hi}{}^{'t-K}{}_i[x_i, z_i(\tau_i)] \, d\tau_i$$

---

32 Die aggregatspezifischen z-Situationen $\underline{z}_i(t_i)$ stellen damit einen Teilvektor der unternehmensspezifischen z-Situation $\underline{z}(\underline{t})$ dar.

33 Da der hochgestellte Index G die Produktionskosten bei zeitkonstanter z-Situation $z_i{}^c$ hinreichend anzeigt, kann der hochgestellte (Zusatz)-Index c im folgenden entfallen.

$$= \sum_{i=1}^{I} \sum_{h=1}^{H} k_i(x_i, \underline{z}_i) \cdot x_i \cdot t_i$$

$$+ \sum_{i=1}^{I} \sum_{h=1}^{H} v_{ih} \cdot K_{hi}^{K}[x_i, \underline{z}_i(t_i), t_i].$$

Die Größe v_{hi} wird zur Erfassung der wertmäßigen Korrekturen der Faktorart h für jedes Aggregat i eingeführt und stellt eine 0/1-Schaltvariable dar, die bei der Existenz zeitvariabler Kostenarten den Wert 1 annimmt.

Der Ausdruck

$$K_{hi}'^{t-K}[x_i, \underline{z}_i(\tau_i)] = K_{hi}'^{t-K}[\underline{z}_i(\tau_i)]$$

gibt die Momentankostendifferenz zum zeitlinearen GUTENBERG-Modell im Zeitpunkt τ_i an.

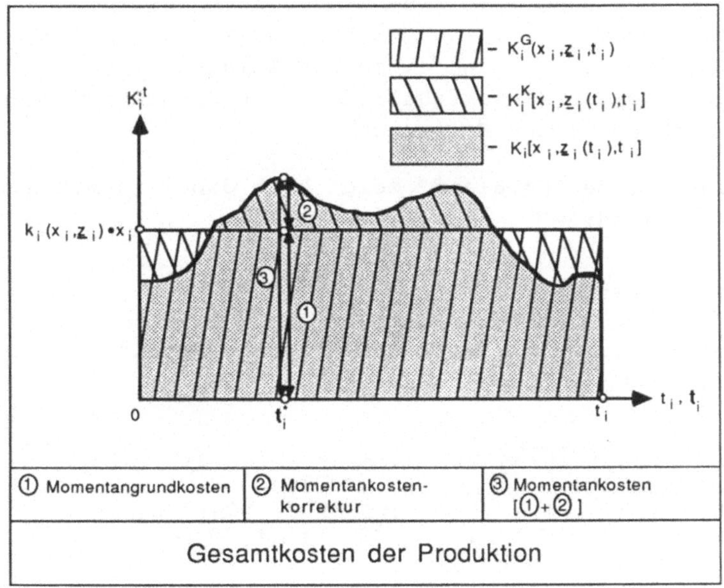

Abbildung 20

Abbildung 20 veranschaulicht diese Zusammenhänge.

Im folgenden werden einige planungsrelevante und beschäftigungszeitvariable Kostenarten mit ihren Korrekturkomponenten diskutiert.

4.22 Kostenfunktionen zeitvariabler Kostenarten in den Hauptzeiten der Produktion

4.221 Kosten der Betriebsstoffe

4.2211 Kostenfunktionen bei Zugrundelegung der "Heißlauf"-Hypothesen zur Erfassung überproportional wachsender Faktoreinsätze

Als Beispiel überproportional anwachsender Betriebsstoffeinsätze bei zeitlicher Anpassung eines Aggregatsystems sei ein steigender Energieverbrauch infolge abstumpfender Werkzeuge in spanabhebenden Fertigungsprozessen[34] oder ein steigender anderer Repetierfaktorverbrauch (Schmiermittel etc.)[35] genannt[36].

Derartige "Heißlauf"-Phänomene zeichnen sich durch einen in der Zeit stetigen Verbrauchsanstieg infolge eines zunehmenden Verschleißstadiums einer Produktionsanlage aus[37].

Als Konsequenzen dieser zunehmenden technischen[38] Verschleißprozesse ergeben sich grundsätzlich Höchsteinsatzzeiten t_i^{krit} der einzelnen Anlagen in Abhängigkeit geforderter Mindestqualitäten der Produktion oder anderer ökonomischer Kriterien[39].

Der eigentliche "Heißlauf" zeigt sich dabei in mit dem Verschleißstadium[40]

$$V_i = V_i(t_i)$$

des Betriebsmittels i wachsenden Betriebsstoffverbräuchen[41].

34 Vgl. Haupt (Produktionstheorie) S. 81; Maier (Energieversorgung) Sp. 474 ff.
35 Vgl. Pohmer/Bea (Produktion) S. 109; Stepan (Produktionsfaktor) S. 49; Haupt (Produktionstheorie) S. 83.
36 Vgl. Opitz/Axner (Beeinflussung).
37 Vgl. Haupt (Produktionstheorie) S. 60.
38 Von dem technischen Verschleiß ist der ökonomische Verschleiß (Abschreibungen) grundsätzlich zu trennen. Vgl. dazu auch Abschnitt 4.222.
39 Vgl. Haupt (Produktionstheorie) S. 81 f.; Männel (Produktionsanlagen) Sp. 1477 ff.; Betge (Betriebsmitteleinsatz) S. 9 f.; Stepan (Produktionsfaktor) S. 23.
40 Vgl. auch Opitz/Schaller (Untersuchungen); Peeken (Verschleiß) S. 19 ff.
41 Vgl. Haupt (Produktionstheorie) S. 83.

Da für den Momentanverschleiß $V_i(\tau_i)$, mit

$$V_i(\tau_i) = \frac{\partial V_i}{\partial t_i},$$

d.h. den Verschleiß einer Produktionsanlage in einem Zeitpunkt τ_i, gilt:

$$V(\tau_i) > 0,$$

folgt daraus für den Faktorverbrauch und die Faktorkosten bei zeitlicher Anpassung eines Anlagensystems

$$\frac{\partial R_{hi}}{\partial t_i} = \frac{\partial R_{hi}}{\partial V_i} \cdot \frac{\partial V_i}{\partial t_i} > 0$$

bzw.

$$\frac{\partial K_{hi}}{\partial t_i} = \frac{\partial K_{hi}}{\partial V_i} \cdot \frac{\partial V_i}{\partial t_i} > 0.$$

Dieses gilt bis zum Erreichen eines kritischen Verschleißstadiums $V_i^{krit}(t_i^{krit})$[42], bei dem ein Auswechseln der verbrauchten Verschleißteile erforderlich wird[43].

Die heißlaufinduzierten Momentankosten $K_i{}^{'t-KH}$ können nun während der Hauptzeiten der Fertigung formal durch eine lineare Funktion beschrieben[44] werden.

42 Vgl. auch Betge (Betriebsmittelkosten) S. 1260 ff.

43 Exemplarisch sind hierfür rechtzeitige Werkzeugwechsel (z.B. Bohrerwechsel) zu nennen. Vgl. Haupt (Produktionstheorie) S. 81 f. u. S. 86.

44 HAUPT formuliert z.B. einen derartigen linearen Funktionsverlauf für den Energieverbrauch. Vgl. Haupt (Produktionstheorie) S. 83 ff.

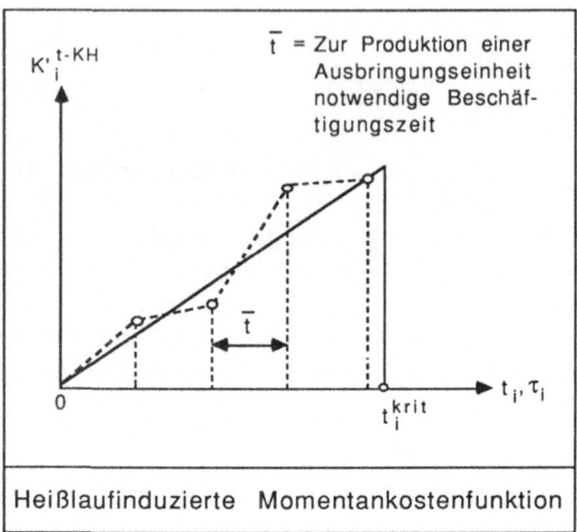

Abbildung 21

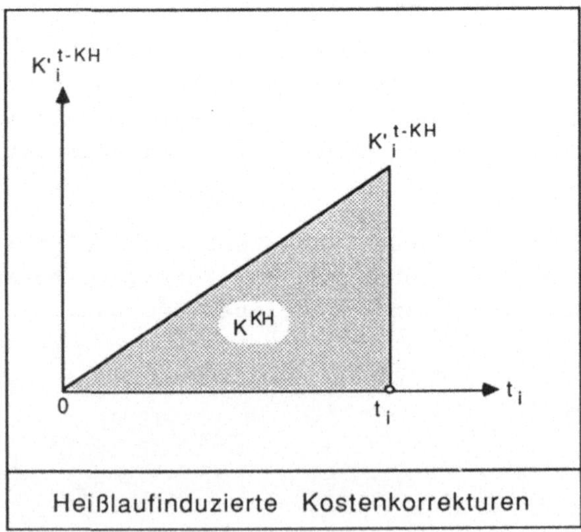

Abbildung 22

Die Fläche unter dieser Funktion - Abbildung 22 - gibt die erforderlichen Kostenkorrekturen an, die mithin in der Korrekturkomponente K_i^{KH} erfaßt werden.

$$K_i^{KH}[x_i, z_i(t_i), t_i] = \int_{\tau_i=0}^{t_i} K_i'^{t-H}[x_i, z_i(\tau_i), t_i]\, d\tau_i$$

Die Gesamtkostenfunktion K_i^H des Heißlaufs ergibt sich somit als

$$K_i^H[x_i, \underline{z}_i(t_i), t_i]$$

$$= K_i^G[x_i, \underline{z}_i, t_i] + K_i^{KH}[x_i, \underline{z}_i(t_i), t_i],$$

und zeigt - Abbildung 23[45] - die charakteristischen überproportionalen Kostenzuwächse bei Variation der Beschäftigungszeit.

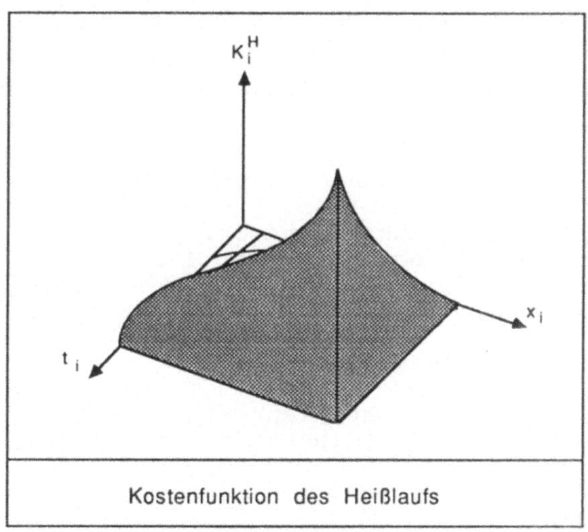

Kostenfunktion des Heißlaufs

Abbildung 23

45 Vgl. auch Haupt (Produktionstheorie) S. 88; Haupt/Knobloch (Anpassungsprozesse) S. 517.

4.2212 Kostenfunktionen bei Zugrundelegung der "Warmlauf"-Hypothesen zur Erfassung unterproportional wachsender Faktoreinsätze

Das Warmlaufen einer Produktionsanlage oder der Kaltstart eines ruhenden Aggregates bedingen im Zeitablauf fallende Momentanverbräuche[46] bestimmter Repetierfaktoren[47].

Derartige "start-up"-Vorgänge[48] können als Aufbau eines "dynamischen Potentials"[49] verstanden werden und lassen sich z.B. mit dem bei metallurgischen Prozessen aufgebauten Wärmepotential veranschaulichen[50].

In der Literatur[51] wird die Übertragbarkeit bestimmter Lerngesetzmäßigkeiten der objektbezogenen Arbeit auf den Warmlauf eines technischen Fertigungssystems diskutiert, wobei HAUPT[52] - in Analogie zu gängigen Lernhypothesen[53] - die folgenden "Warmlauf"-Hypothesen zur Begründung zeitvariabler Verbrauchsgesetzmäßigkeiten formuliert:

1. der konvex fallende Lernkurvenverlauf ist "ohne

---

46 Vgl. Haupt (Produktionstheorie) S. 58.
47 Solche Degressionseffekte sind z.B. für den Energieeinsatz zu beobachten. Vgl. Ellinger/Haupt (Produktionstheorie) S. 137; Haupt (Produktionstheorie) S. 76.
48 Vgl. Jucker (Transfer) S. 321 ff.; Cherrington/Towill (Control) S. 340.
49 Vgl. Ellinger (Ablaufplanung) S. 31 ff.
50 Vgl. Haupt (Produktionstheorie) S. 58; Ellinger (Ablaufplanung) S. 35.
51 Vgl. Baetge (Lernkurven) S. 521 ff.; Schneider (Lernkurven) S. 501 ff.; Ihde (Lernprozesse) S. 451 ff.; Sule (Effect) S. 338 ff.; Kern (Industrielle Produktionswirtschaft) S. 169 f.; Haberstock (Kostensenkung) Sp. 1085 ff.; Kistner (Produktionstheorie) S. 191 f.; Zäpfel (Produktionswirtschaft) S. 82 ff.; Heinen (Kostenlehre) S. 332 ff.; Muth/Spremann (Learning) S. 264 ff.; Böhmer (Lerneffekte); Alchian (Reliability); Hirsch (Progress Function) S. 143 ff.; Andress (Learning Curve) S. 87 ff.; Conway/Schultz (Progress Function) S. 39 ff.; Cochran (Concepts) S. 317 ff.; Keachie (Curve); Hirschman (Learning Curve) S. 125 ff.; Weber (Lernkurven) S. 401 ff.; Hiller/Shapiro (Capacity) S. 1153 ff.; Smunt (Learning Curve) S. 1164 ff.; Deviney (Entry) S. 706 ff.; Fandel (Produktion) S. 166 ff.; Stöppler (Produktionstheorie) S. 107 ff. Zur Kritik vgl. Young (Misapplication) S. 410 ff.
52 Vgl. Haupt (Produktionstheorie) S. 76 ff.
53 Vgl. Baloff (Learning Curve) S. 275 ff.; Baur (Lerngesetze) Sp. 1115 ff.; Scholl (Einbeziehung).

Einschränkung"[54] auf den Momentanverbrauch der Repetierfaktoren übertragbar,

2. entsprechend der Zahl gefertigter Ausbringungseinheiten ist von einem steigenden "Abnahme-" oder "Übungsfaktor"[55] auszugehen, soweit dieses nicht die Konvexität der "Lernkurven" beeinträchtigt,

3. grundsätzlich ist eine "Grenze des Lernfortschritts" zu berücksichtigen[56], d.h. nach Ablauf eines bestimmten Zeitintervalls entfällt das Warmlauf-Phänomen, da z.B. eine vorher ruhende Anlage ihren betriebswarmen Zustand erreicht hat[57].

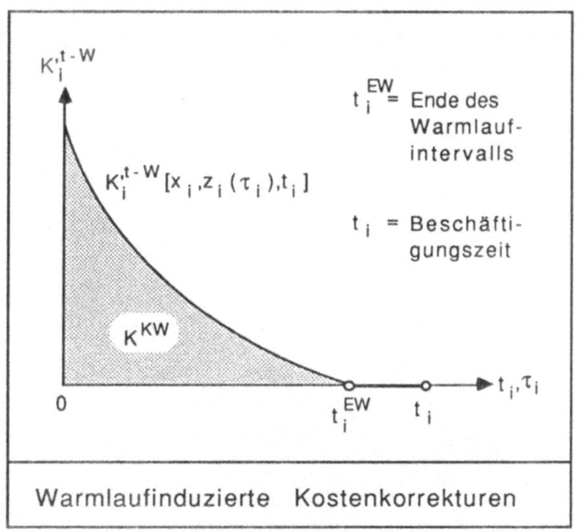

Warmlaufinduzierte Kostenkorrekturen

Abbildung 24

54 Vgl. Haupt (Produktionstheorie) S. 78.
55 Fandel (Produktion) S. 167.
56 Vgl. Schneider (Lernkurven) S. 508.
57 Damit wird auch deutlich, daß die Bezugsgröße der warmlaufbedingten Faktorverbräuche die Beschäftigungszeit t_i und nicht die Beschäftigung selbst ist. Vgl. Haupt (Produktionstheorie) S. 78.

Für die erforderlichen warmlaufbedingten Kostenkorrekturen gilt damit:

$$K_i^{KW}[x_i, z_i(t_i), t_i] = \int_{\tau_i=0}^{t_i^{EW}} K_i'^{t-W}[x_i, z_i(\tau_i), t_i]\, d\tau_i .$$

Abbildung 24 stellt eine warmlaufinduzierte Korrekturkomponente auf der Grundlage der momentanen Faktorkosten dar und veranschaulicht die genannten Warmlaufgesetzmäßigkeiten.

Die Gesamtkosten der Fertigung ergeben sich für jede Kostenart durch Verknüpfung von Grundkomponente K_i^G und Korrekturkomponente K_i^{KW}.

Den charakteristischen Verlauf der Gesamtkostenfunktion im Warmlaufintervall zeigt Abbildung 25[58].

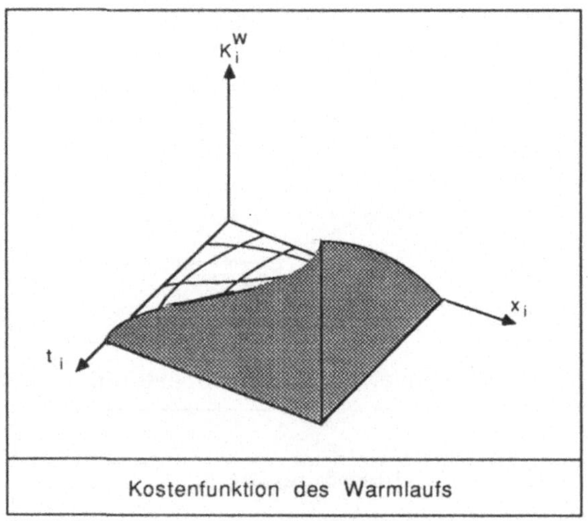

Abbildung 25

In der Praxis finden sich derartige Gesetzmäßigkeiten z.B. bei Feuerungseinsätzen bestimmter Industrieöfen[59] oder bei hydraulischen Werkzeugmaschinen infolge der Temperaturdifferenzen des Hydrauliksystems[60].

58 Vgl. Haupt (Produktionstheorie) S. 87.
59 Vgl. AVH (Betriebshütte III) S. 444; Haupt (Produktionstheorie) S. 101.
60 Vgl. Haupt (Produktionstheorie) S. 101.

4.2213 Kostenfunktionen bei Zugrundelegung kombinierter Faktorverbrauchshypothesen

Die gesamten Betriebsstoffkosten K_i^{Bt} einer Anlage i ergeben sich als Summe sämtlicher Grund- und Korrekturkomponenten[61] dieser Faktorarten j^{Bt} $(j^{Bt}=1^{Bt},...,J^{Bt})$ mit:

$$
\begin{aligned}
K_i^{Bt}[x_i,\underline{z}_i(t_i),t_i] = & \sum_{j^{Bt}=1^{Bt}}^{J^{Bt}} K_{ij}^{Bt-G}[x_i,\underline{z}_i,t_i] \\
& + \sum_{j^{Bt}=1^{Bt}}^{J^{Bt}} K_{ij}^{Bt-KW}[x_i,\underline{z}_i(t_i),t_i] \\
& + \sum_{j^{Bt}=1^{Bt}}^{J^{Bt}} K_{ij}^{Bt-KH}[x_i,\underline{z}_i(t_i),t_i].
\end{aligned}
$$

Infolgedessen können in den ökonomisch[62] "produktiven" Ausführungszeiten der Gütererstellung

1. gleichzeitig zeitlineare sowie über- und unterproportional wachsende Betriebsstoffkosten auftreten, oder

2. auch zeitlich nachgelagert unterschiedliche Faktorverbrauchshypothesen gelten

und komplexere Kostenfunktionen und Kostenkorrekturen bedingen.

Der erste Fall liegt vor, wenn es zu zeitlichen Überlagerungen von Normal-[63], Heiß- und Warmlaufintervallen kommt.

---

61 Vgl. Haupt (Produktionstheorie) S. 88.

62 Der ökonomischen Produktion wird, wie oben erwähnt, eine technische Produktion zugeordnet, wobei nicht immer ein positiver funktionaler Zusammenhang formuliert werden kann. Vgl. auch die Abschnitte 2.23 und 4.1 der Arbeit.

63 Normallaufintervalle sind durch ausschließlich beschäftigungszeitlineare Faktorkostenverläufe charakterisiert.

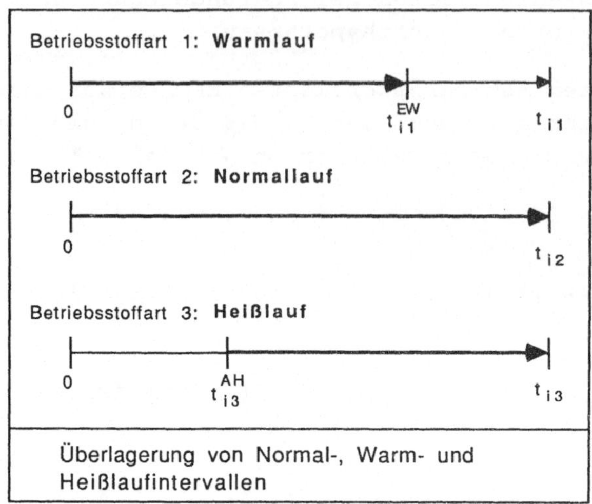

Überlagerung von Normal-, Warm- und Heißlaufintervallen

Abbildung 26

Im zweiten Fall treten ebenfalls während eines einzigen Produktionsprozesses sowohl Heißlauf- wie auch Warmlaufgesetzmäßigkeiten auf, jedoch existieren hierbei Überschneidungen dieser Zeitintervalle .

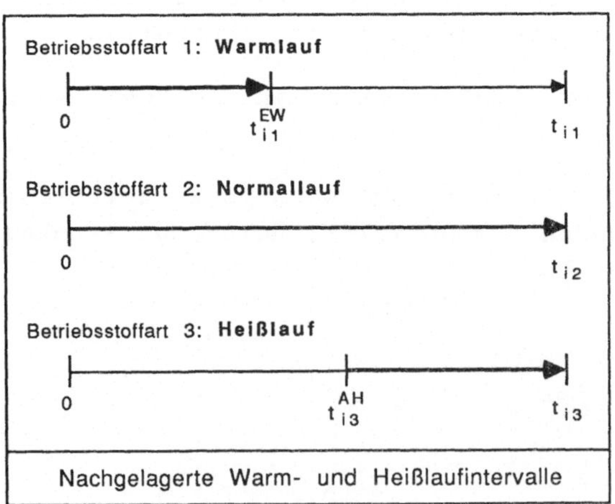

Nachgelagerte Warm- und Heißlaufintervalle

Abbildung 27

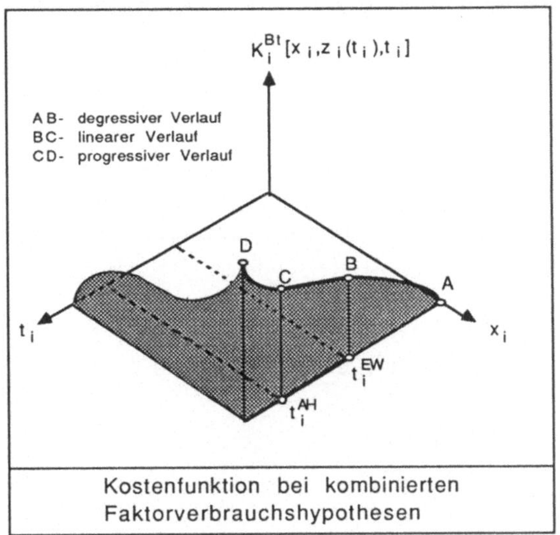

Kostenfunktion bei kombinierten Faktorverbrauchshypothesen

Abbildung 28

Die aggregatspezifische Kostenfunktion der Betriebsstoffe $K_i^{Bt}(x_i, z_i(t_i), t_i)$ kann infolgedessen bei einer zeitlichen Anpassung der Produktionsanlage sowohl lineare, als auch progressive oder degressive Teilabschnitte aufweisen. Das Zusammenwirken dieser Faktoreinsatzgesetzmäßigkeiten richtet sich nach den eingesetzten Produktionstechnologien.

Abbildung 28 veranschaulicht die zeitlich nachgelagerte Kombination unterschiedlicher Faktoreinsatzgesetzmäßigkeiten.

4.222 Kosten maschineller Anlagen und objektbezogener Arbeit sowie Werkstoffkosten

Neben den Betriebsstoffkosten sind zunächst während der Ausführungszeiten auch Maschinenkosten - K_i^M - und Bedienerkosten - K_i^O - zu berücksichtigen[64].

Die Maschinenkosten einer Produktionsanlage[65] ergeben sich in den Ausführungszeiten aus dem Produkt von

64 Vgl. Haupt (Produktionstheorie) S. 90.

65 Die Kosten eines Aggregatsystems berücksichtigen als Einflußgrößen die kalkulatorischen Abschreibungen, Zinsen und Wagnisse der Produktion. Vgl. Roski (Aggregatkosten) S. 526.

Maschinenstundensätzen ms_i und Beschäftigungszeiten t_i[66], d.h.

$$K_i^M(t_i) = ms_i \cdot t_i .$$

ADAM[67] diskutiert für in t_i nicht linearhomogene Produktionsfunktionen explizit einen nutzungszeitabhängigen Anlagenverzehr D_i[68] (Abschreibungen), mit

$$D_i = D_i(t_i),$$

wobei für die Momentanabschreibungen

$$D_i(\tau_i) = \frac{\partial D_i(t_i)}{\partial t_i}$$

während des Fertigungsprozesses gilt:

$$D_i(\tau_i) > 0.$$

Als Beispiel für einen Anlagenverzehr, der solchen Gesetzmäßigkeiten unterliegt, wird der Einsatz eines Computer-Tomographen genannt[69].

Ausgehend von den Momentanabschreibungen $D_i(\tau_i)$ formuliert ADAM die beschäftigungszeitvariable Gesamtabschreibung $D_i(t_i)$ als[70]

$$D_i(t_i) = \int_{\tau_i=0}^{t_i} D_i(\tau_i)\, d\tau_i .$$

66 Vgl. Haupt (Produktionstheorie) S. 71 ff. Dazu auch Kistner/Luhmer (Ermittlung) S. 165 ff.; Klingel (Betriebsmittelkosten).

67 Vgl. Adam (Produktionspolitik) S. 225 ff.; Adam (Abschreibungen) S. 405 ff.

68 Im Gegensatz zu dem technischen Gebrauchsverschleiß V_i beschreibt die Größe D_i hier den ökonomischen Anlagenverzehr, welcher nicht immer unmittelbar auf den Einsatz eines Aggregates zurückzuführen ist. Vgl. auch Roski (Aggregatkosten) S. 527; Pohmer/Bea (Produktion) S. 112.

69 Vgl. Adam (Produktionspolitik) S. 225 Fußnote 78.

70 Vgl. Adam (Produktionspolitik) S. 226.

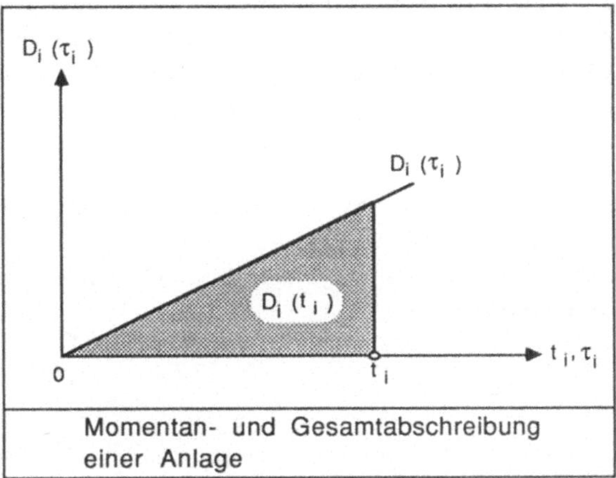

Momentan- und Gesamtabschreibung einer Anlage

Abbildung 29

Für den Fall nutzungszeitabhängiger Abschreibungen kann der aggregatspezifische Maschinenstundensatz infolgedessen als

$$ms_i = ms_i[\underline{z}_i(t_i)]$$

geschrieben werden, da der Anlagenverzehr $D_i(t_i)$ - als wertmäßiger Gebrauchsverschleiß - grundsätzlich mit einer Veränderung der z-Situation des entsprechenden Aggregatsystems begründet wird[71].

Für die Maschinenkosten K_i^M folgt daraus:

$$K_i^M[\underline{z}_i(t_i), t_i] = ms_i[\underline{z}_i(t_i)] \cdot t_i,$$

wobei auch die Intensität als eine planungsrelevante Einflußgröße des Anlagenverzehrs berücksichtigt werden kann[72].

Letztlich ergeben sich damit die Aggregatkosten als

$$K_i^M[x_i, \underline{z}_i(t_i), t_i] = ms_i[x_i, \underline{z}_i(t_i)] \cdot t_i.$$

Der Verlauf dieser Funktion der Betriebsmittelkosten

---

71 Damit liegt eine direkte Abhängigkeit der Art $D_i(t_i) = D_i[V_i(t_i)]$ vor. Die Größe $V_i(t_i)$ ist somit auch in diesem Fall eine planungsrelevante Einflußgröße z_i der aggregatspezifischen z-Situation, d.h. $\underline{z}_i = \underline{z}_i[z_{i1}, \ldots, z_{i(E-2)}, V_i(t_i), x_i]$.

72 Vgl. Adam (Produktionspolitik) S. 226; Adam (Abschreibungen) S. 408 ff.

hängt damit von der Beschäftigungszeit, dem Leistungsgrad sowie den Hypothesen zum Anlagenverzehr[73], d.h. den zugrundegelegten Abschreibungsverfahren[74], ab und erfolgt bei degressiver oder progressiver Zeitabschreibung[75] zeitvariabel[76].

Die Kosten objektbezogener Arbeit K_i^0 (Bedienerkosten) bestimmen sich grundsätzlich aus dem Produkt schichtspezifischer[77] Lohnsätze je Zeiteinheit ls_i und der Beschäftigungszeit t_i[78].

$$K_i^0(t_i) = ls_i \cdot t_i$$

Wird dieses recht einfache Kostenmodell z.B. um Überstundenzuschläge[79] oder andersartige Prämienlöhne[80] erweitert, folgt unter Berücksichtigung der damit beschäftigungszeitabhängigen Lohnsätze[81]

$$ls_i = ls_i(t_i)$$

daraus für die Bedienerkosten K_i^0:

$$K_i^0(t_i) = ls_i(t_i) \cdot t_i ,$$

wobei sich die Lohnsatzänderungen während der Produk-

---

73 Vgl. Gutenberg (Abschreibungen) Sp. 20 ff.; Albach (Abschreibung); Dellmann (Produktionstheorie) S. 143 f.; Heinen (Kostenlehre) S. 388 ff.; Kosiol (Anlagenrechnung); Roski (Einsatz) S.77 f.; Sieben/Schildbach (Anlagenverzehr) Sp. 53 ff. Kritisch dazu: Riebel (Problematik).

74 Vgl. Roski (Aggregatkosten) S. 527.

75 Vgl. Kloock/Sieben/Schildbach (Kostenrechnung) S. 83 ff.

76 Vgl. auch Swoboda (Abschreibungskosten) S. 563 ff.; Betge (Betriebsmittelkosten) S. 1260 f.

77 Bei den Schichten kann zwischen Normalschichten und Sonderschichten unterschieden werden. Vgl. auch Haupt (Produktionstheorie) S. 71 f.

78 Vgl. Adam (Produktionspolitik) S. 26 ff.; Kosiol (Lohn) Sp. 1149 ff.; Haupt (Produktionstheorie) S. 71 ff.

79 Vgl. Jacob (Produktionsplanung) S. 227 ff.; Kistner (Produktionstheorie) S. 124 u. S. 130 ff.; Pack (Elastizität) S. 83 f. u. S. 198 ff.

80 Diese Prämien zeichnen sich hier durch eine zeitabhängige Bezugsgröße aus. Vgl. Böhrs (Lohn) Sp. 1137 ff.; Adam (Produktionspolitik) S. 31 ff.

81 Vgl. Pack (Elastizität) S. 201 ff.; Fandel (Produktion) S. 290; Ellinger/Haupt (Produktionstheorie) S. 139.

tionszeit grundsätzlich nicht stetig, sondern diskret, d.h. in Sprüngen, vollziehen[82].

Auch mit dieser Formulierung der Kosten objektbezogener Arbeit wird deutlich, daß diese Kostenart bei Betrachtung einer Betriebsmittel-Bediener-Kombination während der Hauptzeiten nicht als zeitlinear, sondern ebenfalls als beschäftigungszeitvariabel zu interpretieren ist.

Zeitvariable Werkstoffeinsätze ergeben sich insbesondere für einen im Zeitablauf nicht konstanten Ausschußanteil[83], wie er im Bereich der industriellen Produktion infolge bestimmter Lernvorgänge[84] oder Ermüdungsprozesse der objektbezogenen Arbeit zu beobachten ist[85].

Die Werkstoffkosten können dabei in Abhängigkeit von den zugrundeliegenden Verbrauchsgesetzmäßigkeiten bei zeitlicher Anpassung sowohl degressive als auch progressive Verläufe aufweisen[86].

Formal lassen sich diese Zusammenhänge z.B. mit Hilfe zeitabhängiger Direkt- und/oder Gesamtbedarfskoeffizienten darstellen[87], für die damit gilt:

$$r_{p'f} = r_{p'f}(t),$$

$$g_{p'f} = g_{p'f}(t).$$

82 Vgl. auch Haupt (Produktionstheorie) S. 60.

83 Vgl. Adam (Produktionspolitik) S. 232 ff. ADAM unterscheidet dabei explizit "vier Grundsituationen" - vgl. Adam (Produktionspolitik) S. 233 -, die sich jedoch auf den allgemeinen Fall der Abhängigkeit des zeitpunkbezogenen Ausschußanteils (Momentanausschuß) sowohl von der Beschäftigungszeit als auch dem Leistungsgrad zurückführen lassen. Siehe dazu auch Pohmer/Bea (Produktion) S. 47 u. 112.

84 Vgl. zur "Übung" und "Gewöhnung" auch Kern (Industrielle Produktionswirtschaft) S. 169 ff.

85 Vgl. Kistner (Produktionstheorie) S. 191 ff.; Pohmer/Bea (Produktion) S. 110; Ellinger/Haupt (Produktionstheorie) S. 36 f.; Haupt (Produktionstheorie) S. 58 f.

86 Vgl. dazu auch Abschnitt 4.2213 der Arbeit.

87 Vgl. auch Abschnitt 2.22. Dazu auch Pohmer/Bea (Produktion) S. 109 u. 112.

Die oben genannten zeitvariablen Kostenarten bedingen, soweit sie für die Planung des Anlageneinsatzes entscheidungsrelevant sind, die Formulierung neuartiger Anpassungsstrategien, wie sie im folgenden Abschnitt für unterschiedliche Modellannahmen hergeleitet werden.

5. Modellanalyse zur Simultananpassung mehrerer Produktionsanlagen

5.1 Modellkonzeption

Die folgenden Ausführungen diskutieren den optimalen Anlageneinsatz einer einstufigen Einproduktunternehmung infolge beschäftigungszeitvariabler Faktorkosten[1].

Hierbei werden für die Modellanalyse Betriebsstoffverbräuche vorausgesetzt, die den Gesetzmäßigkeiten des maschinellen "Heißlaufs" folgend überproportional anwachsen[2].

Die Begrenzung der Modellbetrachtung auf das Heißlauf-Phänomen begründet sich durch die damit verbundenen neuartigen heißlaufspezifischen Ergebnisse, die im Verlauf der Arbeit noch darzulegen sind.

Ferner wird exemplarisch nur eine beschäftigungszeitvariable Kostenart herausgegriffen[3], wie z.B. die erwähnten Energiekosten aufgrund abstumpfender Werkzeuge in spanabhebenden Fertigungsprozessen[4].

Bei Zugrundelegung einer höher aggregierten Funktion der Produktionskosten lassen sich - infolge der additiven Wertsynthese sowohl der einzelnen Kostenarten als auch der Produktionsanlagen - die Ergebnisse in Entsprechung zu dem hier vorgestellten Modellansatz herleiten. Zur systematischen Darstellung und Veranschaulichung simultaner Anpassungsprozesse mehrerer Aggregatsysteme ist eine Beschränkung der genannten Art jedoch hinreichend.

Der Heißlauf der betriebsbereiten Aggregatsysteme soll sich nach deren Inbetriebnahme kontinuierlich vollziehen, d.h. die heißlaufinduzierte Korrekturkomponente ist während der gesamten Produktionsdauer im Intervall $[0,t_i]$ positiv definiert[5].

---

1 Vgl. hierzu auch Haupt/Knobloch (Anpassungsprozesse) S. 504 ff.

2 Vgl. dazu Abschnitt 4.2211 und die dort genannten Heißlaufhypothesen.

3 Der Laufindex j (j=1,...,J) der Faktorarten kann damit vernachlässigt werden.

4 Vgl. Abschnitt 4.2211; dazu auch Gälweiler (Energiekosten) Sp. 463 ff.

5 Eine Erfassung der gesamten zusätzlichen Kosten gleich zu Produktionsbeginn, d.h. deren Interpretation als einmalige Kosten der Inbetriebnahme des Systems, läßt die Bedeutung der Beschäfti-

Aus Gründen der Übersichtlichkeit der Darstellung werden zunächst lediglich zwei Aggregate betrachtet[6] (i=1,2), wobei für die Momentankosten der Korrekturkomponenten jeder Anlage konstante Kostenzuwächse angenommen werden, d.h. es gilt

$$\frac{\partial^2 K_i^{KH}[x_i, \underline{z}_i(t_i), t_i]}{\partial t_i^2} = \text{const.}$$

Im Falle einer intensitätsmäßigen Anpassung der Anlagen wird aus Vereinfachungsgründen für die heißlaufinduzierten Kostenkorrekturen ferner ein linearer Kostenverlauf angenommen, für den folgt

$$\frac{\partial K_i^{KH}[x_i, \underline{z}_i(t_i), t_i]}{\partial x_i} \cdot \frac{\partial x_i}{\partial M_i} = \text{const.},$$

wobei der charakteristische s-förmige Verlauf der Gesamtkostenfunktion infolge additiver Verknüpfung der einzelnen Kostenkomponenten erhalten bleibt.

Die bekannte zeitlineare Grundkomponente $K_i^G(x_i, \underline{z}_i, t_i)$ des Modells kann dann bei Zugrundelegung u-förmiger Funktionen des mengenspezifischen Faktorverbrauchs als

$$K_i^G(x_i, t_i) = (a_i x_i^2 - b_i x_i + c_i) \cdot x_i \cdot t_i$$

$$= (a_i x_i^3 - b_i x_i^2 + c_i x_i) \cdot t_i$$

formuliert werden[7].

---

gungszeit für den aggregatspezifischen Kostenverlauf nicht hinreichend deutlich werden und führt infolge der Vernachlässigung einer entscheidungsrelevanten Einflußgröße nicht zum zieloptimalen Anlageneinsatz. Darüberhinaus ist der maschinelle "Warmlauf" eher mit der Inbetriebnahme einer Anlage zu vergleichen, wobei dann lediglich bis zum Erreichen des betriebsbereiten Zustandes keine ökonomische Produktion realisiert wird.

6 Zur Erweiterung der Modellbetrachtung auf mehr als zwei Aggregate vgl. Abschnitt 5.53.

7 Vgl. Abschnitt 2.23 der Arbeit.

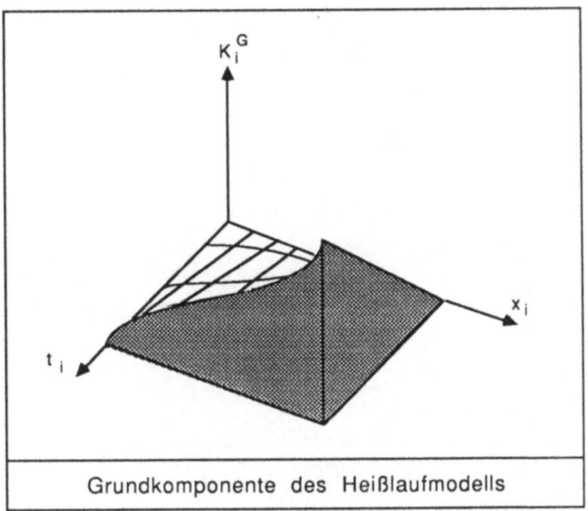

Grundkomponente des Heißlaufmodells

Abbildung 30

Eine Korrekturkomponente, die den oben genannten Anforderungen genügt, läßt sich analytisch als Funktional

$$K_i^{KH}[x_i, \underline{z}_i(t_i), t_i] = e_i \cdot x_i \cdot t_i^2$$

darstellen, mit

$$\frac{\partial^2 (e_i x_i t_i^2)}{\partial t_i^2} = 2e_i x_i = \text{const.}$$

und

$$\frac{\partial(e_i x_i t_i^2)}{\partial x_i} \cdot \frac{\partial[(1/t_i)M_i]}{\partial M_i} = e_i t_i = \text{const.}$$

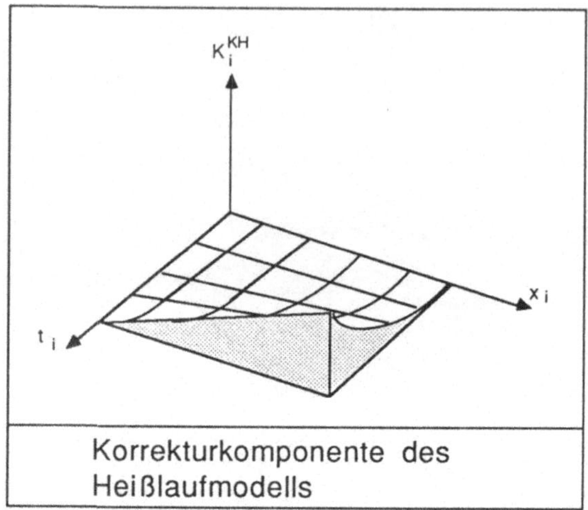

Korrekturkomponente des Heißlaufmodells

Abbildung 31

Infolgedessen geht die Modellanalyse zur Simultananpassung bei ihren Berechnungen von der Funktion

$$K[\underline{x},\underline{z}(\underline{t}),\underline{t}] = \sum_{i=1}^{2} (a_i x_i^3 - b_i x_i^2 + c_i x_i) \cdot t_i$$

$$+ \sum_{i=1}^{2} (e_i x_i t_i^2)$$

der Produktionskosten in Abhängigkeit von Leistungsgrad und Einsatzzeit der betriebsbereiten Anlagen aus.

Die zeitvariablen z-Situationen $\underline{z}_i(t_i)$ der Aggregate werden nicht mehr explizit als Kosteneinflußgrößen berücksichtigt; ihre wertmäßigen Konsequenzen finden ihren formalen Ausdruck in der Art der t_i-Abhängigkeit der Korrekturkomponente.

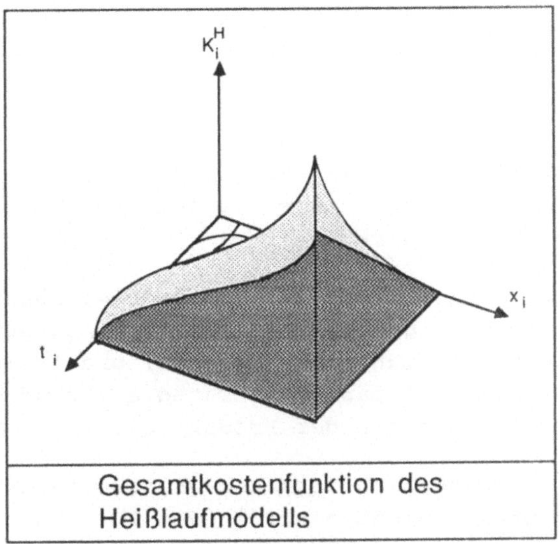

Gesamtkostenfunktion des Heißlaufmodells

Abbildung 32

Abbildung 32 veranschaulicht die dargestellten Zusammenhänge der entscheidungsrelevanten Produktionskosten.

5.2 Formulierung des Planungsproblems für zwei Produktionsanlagen

Die Unternehmung steht infolgedessen vor dem Planungsproblem, die Kostenfunktion

$$K^H[\underline{x},\underline{z}(\underline{t}),\underline{t}] = \sum_{i=1}^{2} K_i^G(x_i,t_i) + \sum_{i=1}^{2} K_i^{KH}[x_i,\underline{z}_i(t_i),t_i]$$

unter der Nebenbedingung

$$M = \sum_{i=1}^{2} M_i = \sum_{i=1}^{2} x_i \cdot t_i$$

für alternative Produktmengen M zu minimieren, wobei gegebenenfalls Intensitätsrestriktionen

$$x_i^{min} \leq x_i \leq x_i^{max}$$

und Zeitrestriktionen

$$t_i^{min} \leq t_i \leq t_i^{max}$$

im Planungsansatz zu berücksichtigen sind.

Dieses nichtlineare Optimierungsproblem zum kostenminimalen Anlageneinsatz wird im weiteren Verlauf der Arbeit ausführlich diskutiert.

Die Modellbetrachtung läßt dabei zunächst mögliche Restriktionen der aggregatspezifischen Anpassungsparameter unberücksichtigt (Modell A) und formuliert die kostenminimale Anpassungsstrategie für höchstmögliche Freiheitsgrade der Produktion.

Anschließend werden schrittweise weitere Nebenbedingungen der oben genannten Art in das Ausgangsmodell integriert und modifizierte Handlungsempfehlungen für den optimalen Anlageneinsatz hergeleitet. Die modifizierten Modelle B-I sind - im Vergleich zu Modell A - aufgrund geringerer aggregatspezifischer Freiheitsgrade durch insgesamt kostenungünstigere Produktionsbedingungen charakterisiert.

Die Modellanalyse berücksichtigt die Nebenbedingungen der Produktion wie folgt:

1. Intensitätsrestriktionen
   (Modell B; Sonderfall: Modell C),

2. Zeitrestriktionen
   (Modell D; Sonderfall: Modell E),

3. Intensitäts- und Zeitrestriktionen
   (Modell F; Sonderfälle: Modelle G-I).

5.3 Die Simultananpassung ohne Berücksichtigung beschränkter Planungsparameter (Modell A)

Der Anpassungsprozeß im Falle höchstmöglicher Freiheitsgrade, d.h. ohne Berücksichtigung beschränkter Anpassungsparameter, kann aufgrund marginalanalytischer Überlegungen hergeleitet werden, da die Funktion der

Produktionskosten $K[\underline{x},\underline{z}(\underline{t}),\underline{t}]$ über dem gesamten Definitionsbereich ihrer unabhängigen Variablen x_i und t_i stetig und differenzierbar ist.

Insofern sind auch die Anwendungsvoraussetzungen[8] für das Lagrange-Verfahren, einem Ansatz des Operations Research zur Optimierung nichtlinearer Planungsprobleme[9] unter Nebenbedingungen[10], gegeben, auf welches nachfolgend zurückgegriffen wird.

Die Lagrange-Funktion folgt aus dem allgemeinen Planungsansatz als

$$K^L[\underline{x},\underline{z}(\underline{t}),\underline{t},\lambda^A] = \sum_{i=1}^{2} (a_i x_i^3 - b_i x_i^2 + c_i x_i) \cdot t_i$$

$$+ \sum_{i=1}^{2} (e_i x_i t_i^2)$$

$$+ \lambda^A \cdot (M - \sum_{i=1}^{2} x_i \cdot t_i).$$

Nach partieller Differenzierung sind die für lokale Extrema notwendigen Bedingungen erster Ordnung

$$\frac{\partial K^L[\underline{x},\underline{z}(\underline{t}),\underline{t},\lambda^A]}{\partial x_i} = (3a_i x_i^2 - 2b_i x_i + c_i) \cdot t_i + e_i t_i^2 - \lambda^A t_i = 0$$

$$\frac{\partial K^L[\underline{x},\underline{z}(\underline{t}),\underline{t},\lambda^A]}{\partial t_i} = a_i x_i^3 - b_i x_i^2 + c_i x_i + 2e_i x_i t_i - \lambda^A x_i = 0$$

$$\frac{\partial K^L[\underline{x},\underline{z}(\underline{t}),\underline{t},\lambda^A]}{\partial \lambda^A} = M - \sum_{i=1}^{2} x_i \cdot t_i = 0$$

nach λ^A - dem Lagrangeschen-Multiplikator - aufzulösen.

8 Vgl. Adam (Produktionspolitik) S. 158 ff.
9 Vgl. auch Stecke (Formulation) S. 273 ff.
10 Vgl. Dinkelbach (Verfahren) Sp. 1385 ff.; Ellinger (Research) S. 210 ff.

Daraus folgt das neue Gleichungssystem

$$3a_1 x_1^2 - 2b_1 x_1 + c_1 + e_1 t_1 = \lambda^A,$$

$$a_1 x_1^2 - b_1 x_1 + c_1 + 2e_1 t_1 = \lambda^A,$$

$$M - \sum_{i=1}^{2} x_i \cdot t_i = 0$$

zur Bestimmung möglicher Minimalkostenkombinationen der Planungsgrößen.

Dem Lagrangeschen-Multiplikator λ^A kommt hierbei eine besondere ökonomische Bedeutung zu. Dieser gibt im ersten Fall die Grenzkosten bei intensitätsmäßiger Anpassung, d.h.

$$\lambda^A = \frac{\partial K[\underline{x}, \underline{z}(\underline{t}), \underline{t}, \lambda^A]}{\partial x_i} \cdot \frac{\partial x_i}{\partial M_i},$$

und im zweiten Fall die Grenzkosten bei zeitlicher Anpassung, d.h.

$$\lambda^A = \frac{\partial K[\underline{x}, \underline{z}(\underline{t}), \underline{t}, \lambda^A]}{\partial t_i} \cdot \frac{\partial t_i}{\partial M_i},$$

an.

Damit ist die notwendige Bedingung des kostenminimalen Anlageneinsatzes beider Aggregatsysteme zur Produktion alternativer Fertigungsmengen hergeleitet:

> Im Optimalverhalten weisen die Produktionsanlagen bei paralleler simultaner intensitätsmäßiger und zeitlicher Anpassung der eingesetzten Aggregatsysteme gleiche Grenzkostensätze λ^A der Produktion auf (Grenzkostenpostulat)[11].

Dieses fundamentale Prinzip zur Minimierung der Produktionskosten bildet die Grundlage für sämtliche im folgenden zu diskutierenden Anpassungsstrategien.

Für Anlage i ergibt sich der aggregatspezifische

---

11 Zum Grenzkostenpostulat vgl. auch Dlugos (Theorem) S. 479 ff.; Pack (Elastizität) S. 150 ff.; Jacob (Produktionsplanung) S. 215 ff.

Minimalkostenpfad $t_i^{opt}(x_i)$, welcher der oben genannten Grenzkostenbedingung genügt, durch Auflösung seiner Bestimmungsgleichung

$$3a_i x_i^2 - 2b_i x_i + c_i + e_i t_i = a_i x_i^2 - b_i x_i + c_i + 2e_i t_i$$

$$\Leftrightarrow$$

$$2a_i x_i^2 - b_i x_i - e_i t_i = 0$$

nach t_i mit

$$t_i^{opt-A}(x_i) = \frac{2a_i x_i^2 - b_i x_i}{e_i} .$$

Entlang dieses anlagenspezifischen Minimalkostenpfades sind die Planungsgrößen x_i und t_i im Optimalverhalten simultan zu variieren[12] (aggregatspezifische Simultananpassung).

Da ex definitione bei der Inbetriebnahme eines Aggregats, d.h. bei einer zusätzlichen positiven Produktmenge M_i, für die Beschäftigungszeit

$$t_i^{opt-A}(x_i) > 0$$

gilt, folgt für den Leistungsgrad x_i unmittelbar die Bedingung

$$\frac{2a_i x_i^2 - b_i x_i}{e_i} > 0$$

$$\Rightarrow$$

$$x_i > \frac{b_i}{2a_i}.$$

Der optimale Einsatz eines einzelnen Aggregatsystems ist also weiterhin dadurch gekennzeichnet, daß unmittelbar mit höheren als den maschinenoptimalen Leistungsgraden des GUTENBERG-Modells[13] gefertigt wird.

Abbildung 33 zeigt diesen funktionalen Zusammenhang der Voroptimierung.

---

12 Vgl. Adam (Abschreibungen) S. 408 ff.; Adam (Produktionspolitik) S. 227.

13 Vgl. dazu auch Abschnitt 2.41.

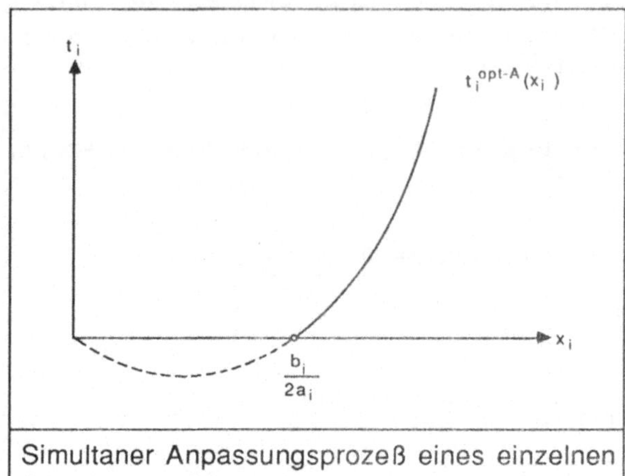

Simultaner Anpassungsprozeß eines einzelnen Aggregates (Voroptimierung)

Abbildung 33

Die Größe

$$\frac{\partial t_i^{opt-A}}{\partial x_i} = \frac{4a_i x_i - b_i}{e_i}$$

kann als "Grenzrate der Parametersubstitution" [GPS] interpretiert werden. Sie gibt an, inwieweit die Beschäftigungszeit im Optimalverhalten bei einer infinitesimalen Intensitätsvariation, d.h. letztlich bei einer Variation der aggregatspezifischen Produktion M_i, zu verändern (substituieren) ist.

$$GPS^A = \frac{4a_i x_i - b_i}{e_i}$$

Nachdem die isolierte Optimierung der beiden Anlagen damit abgeschlossen ist, bleibt die kostenminimale Kombination beider Aggregate zu diskutieren.

Durch Substitution von t_1 durch $t_1^{opt-A}(x_1)$ - Voroptimierung - in den partiellen Ableitungen

$$\frac{\partial K^L}{\partial x_1} \cdot \frac{\partial x_1}{\partial M}$$

der Lagrangefunktion läßt sich der kombinative Minimalkostenpfad $x_2^{opt-A}=x_2^{opt-A}(x_1)$ herleiten, der beide Anlagen kostenminimal verknüpft.

$$3a_1x_1^2-2b_1x_1+c_1 \;+\; e_1\cdot(2a_1x_1^2-b_1x_1)/e_1$$

$$=$$

$$3a_2x_2^2-2b_2x_2+c_2 \;+\; e_2\cdot(2a_2x_2^2-b_2x_2)/e_2$$

$$\Leftrightarrow$$

$$5a_1x_1^2-3b_1x_1+c_1 \;=\; 5a_2x_2^2-3b_2x_2+c_2$$

$$\Leftrightarrow$$

$$5a_1x_1^2-3b_1x_1-5a_2x_2^2+3b_2x_2+c_1-c_2 \;=\; 0$$

Die Nullstelle dieser Definitionsgleichung[14] bestimmt den kostenminimalen Einsatz beider Produktionsanlagen und ergibt den gesuchten Kombinationspfad[15]

$$x_2^{opt-A}(x_1)=\frac{\sqrt{100a_1a_2x_1^2-60a_2b_1x_1+A^{A(2)}}+3b_2}{10a_2},$$

$$\text{mit: } A^{A(2)} \;=\; 20a_2c_1+9b_2^2-20a_2c_2,$$

zur parallelen aggregatspezifischen Simultananpassung.

Für konkrete Gesamtproduktionen M wird die kostenminimale Politik dadurch hergeleitet, daß die zuvor berechneten Minimalkostenpfade in die Mengenbedingung der Produktion - partielle Ableitung $\partial K^L/\partial\lambda^A = 0$ - eingesetzt werden und die Nullstelle dieser Funktion ebenfalls berechnet wird.

---

14 Vgl. Anhang 2.

15 Dabei ist für die Koeffizienten und Parameter sicherzustellen, daß der Term unter dem Wurzelzeichen nicht negativ wird. Die daraus resultierende Nebenbedingung ergibt sich aus den modellimmanenten Prämissen $x_1>b_1/2a_1$ und $b_1^2<4a_1c_1$.

$$M - x_1 \cdot t_1^{opt-A}(x_1) - x_2^{opt-A}(x_1) \cdot t_2^{opt-A}[x_2^{opt-A}(x_1)] = 0$$

$$\Rightarrow$$

$$x_1^{opt-A} = x_1^{opt-A}(M)$$

Für die übrigen Planungsgrößen ergeben sich die kostenminimalen Lösungen zu einer konkreten Fertigungsmenge durch Einsetzen von $x_1^{opt-A}(M)$ in die oben hergeleiteten Minimalkostenpfade der Simultananpassung, d.h.

$$t_1^{opt-A} = t_1^{opt-A}(M),$$

$$x_2^{opt-A} = x_2^{opt-A}(M),$$

$$t_2^{opt-A} = t_2^{opt-A}(M).$$

Der Expansionspfad $x_2^{opt-A}(x_1)$ entscheidet durch seinen Definitionsbereich und seine Achsenschnittpunkte darüber, welches Aggregat - aufgrund des niedrigeren Grenzkostenniveaus bei Produktionsbeginn - zuerst eingesetzt wird, und ab welcher verfahrenskritischen Ausbringungsmenge M^{Ak} das zweite betriebsbereite Aggregat zugeschaltet wird und die Anlagen anschließend bei gleichen Grenzkostensätzen parallel zur Produktion herangezogen werden.

Der beide Aggregate parallel optimierende Minimalkostenpfad nimmt damit die Aufteilung der Gesamtproduktion M auf die beiden Anlagen vor, d.h. er bestimmt letztlich die aggregatspezifischen Produktmengen M_i^{opt}.

Die nachfolgende Abbildung soll exemplarisch einen solchen simultanen Anpassungsprozeß von zwei Anlagen veranschaulichen.

Dabei wird angenommen, daß Anlage 2 aufgrund der günstigeren Grenzkostensätze zuerst eingesetzt wird.

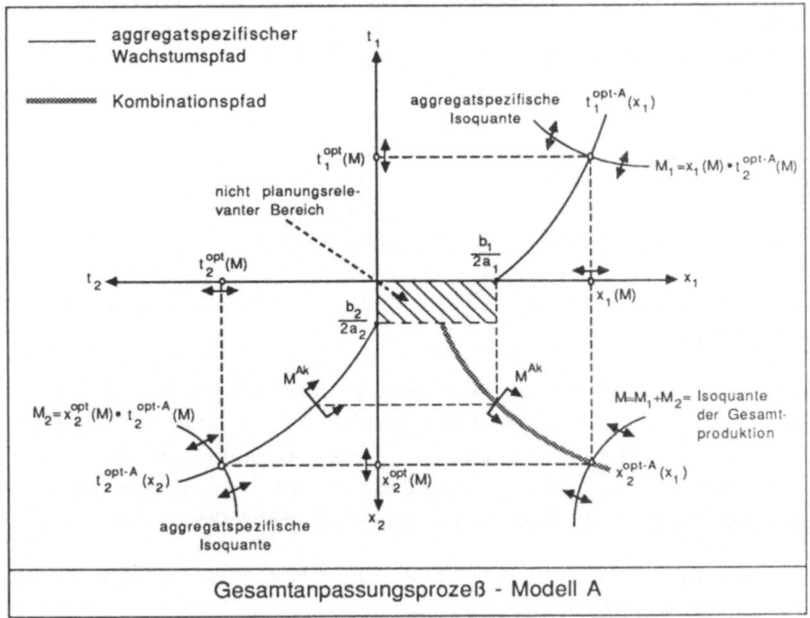

Gesamtanpassungsprozeß - Modell A

Abbildung 34

Für Ausbringungsmengen $M < M^{Ak}$ erfolgt die Produktion ausschließlich auf Anlage 2 bei simultaner zeitlich-intensitätsmäßiger Anpassung, da für $t_1^{opt-A}(M)$ in diesem Definitionsbereich der Gesamtproduktion gilt:

$$t_1^{opt-A}(M) = 0.$$

Eine Produktmengenänderung für $M > M^{Ak}$ erfordert hingegen die parallele Simultananpassung von beiden Aggregaten entlang der berechneten Expansionspfade, wobei auf beiden Anlagen ein identisches Grenzkostenniveau $\lambda^A(M)$ realisiert wird.

Graphisch ergeben sich die Minimalkostenlösungen für eine konkrete Produktion M aus dem Schnittpunkt dieser Isoquante mit dem Kombinationspfad der voroptimierten Anlagen. Die Schnittpunkte der Isoquanten daraus resultierender aggregatspezifischer Ausbringungsmengen

$$M_i^{opt} = t_i^{opt}(M) \cdot x_i^{opt}(M)$$

mit den aggregatspezifischen Expansionspfaden definieren anschließend die weiteren Planungsgrößen der einzelnen Produktionsanlagen.

An dieser Stelle wird deutlich, daß sich der Gesamtanpassungsvorgang in Abhängigkeit von der verfahrenskritischen Produktion M^{Ak} in zwei simultane Teilanpassungsprozesse zerlegen läßt.

Eine derartige Unterscheidungsmöglichkeit von Partialprozessen ist grundlegend für die Herleitung und Diskussion der nachfolgenden simultanen Anpassungsstrategien für modifizierte Modellannahmen.

Ein numerisches Beispiel zu dem Ausgangsmodell findet sich im Anhang 1.

Aufgrund der strengen Konvexität der aggregatspezifischen Kostenfunktion über einer Isoquante M_i[16] ergibt die optimale Kombination der damit notwendigerweise kostenminimalen Expansionspfade $t_i^{opt-A}(x_i)$ das Gesamtkostenminimum der vorgegebenen Produktion M.

Für die Modelle B bis I kann auf diesen Minimalkostenbeweis verzichtet werden, da er sich mit der Zugrundelegung des oben hergeleiteten Modells A von selbst ergibt. Die Optimalitätsbedingung gleicher Grenzkostensätze gilt entsprechend.

5.4 Simultane Anpassungsstrategien bei beschränkten Planungsparametern

5.41 Grundsätzliche Anmerkungen zur Konsequenz beschränkter Planungsgrößen

Ein simultaner Anpassungsprozeß, wie er im Modell A beschrieben wurde, setzt voraus, daß zeitliche wie intensitätsmäßige Anpassungen der Produktionsanlagen entlang der berechneten Minimalkostenpfade technisch realisierbar sind.

Bei der Planung des Anlageneinsatzes sind jedoch oftmals Intensitätsrestriktionen (z.B. aufgrund technischer Aggregateigenschaften)[17] und/oder Zeitrestriktionen (z.B. aufgrund gesetzlicher oder tariflicher Bestimmungen) zu beachten.

ALTROGGE[18] diskutiert erstmals den Einfluß beschränkter

---

16 Vgl. zur Konvexität Abschnitt 5.52 sowie Anhang 1.
17 Vgl. Knolmayer/Rückle (Grundlagen) S. 434.
18 Vgl. Altrogge (Kostenfunktionen) S. 412 ff.

Aktionsparameter auf simultane Anpassungsstrategien für eine einzelne Produktionsanlage.

Die Integration der oben genannten Restriktionen in den Planungsansatz bedeutet sowohl die Beschränkung der aggregatspezifischen Isoquante $M_i = x_i \cdot t_i$ als auch die Beschränkung des Expansionspfades $t_i^{opt-A}(x_i)$ auf den zulässigen Beschäftigungsbereich.

Dabei reduzieren sich die "Isoquanten" $M_i^{min}(x_i^{min}, t_i^{min})$ und $M_i^{max}(x_i^{max}, t_i^{max})$ auf nur einen einzigen Punkt[19]. Für alle zwischen M_i^{min} und M_i^{max} liegenden aggregatspezifischen Produktmengen durchlaufen die Isoquanten den festgelegten Definitionsbereich[20].

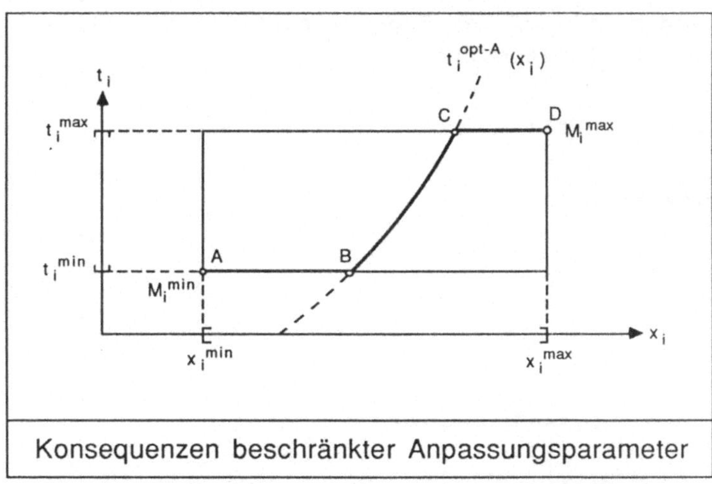

Konsequenzen beschränkter Anpassungsparameter

Abbildung 35

19 Vgl. Altrogge (Kostenfunktionen) S. 413.
20 Vgl. Altrogge (Kostenfunktionen) S. 413.

Die Konsequenz dieser Nebenbedingungen der Produktion

$x_i^{min} < x_i < x_i^{max}$

und

$t_i^{min} < t_i < t_i^{max}$

wird in Abbildung 35 deutlich.

Bis auf einen Ausnahmefall erfordert die kostenminimale Produktionsausdehnung von M_i^{min} auf M_i^{max} immer auch aggregatspezifische sukzessive Anpassungsprozesse entlang konstanter Definitionsbereichsgrenzen[21].

Der Ausnahmefall ist gegeben, wenn die Fertigungsmengen M_i^{min} und M_i^{max} auf dem Expansionspfad $t_i^{opt-A}(x_i)$ liegen, d.h. falls gilt:

$x_i^{opt-A}(M_i^{min}) = x_i^{min}$,

$t_i^{opt-A}(M_i^{min}) = t_i^{min}$,

$x_i^{opt-A}(M_i^{max}) = x_i^{max}$

und

$t_i^{opt-A}(M_i^{max}) = t_i^{max}$.

Funktionale Abhängigkeiten der aggregatspezifischen Definitionsbereichsgrenzen x_i^{min} und x_i^{max} oder t_i^{min} und t_i^{max} von t_i oder x_i[22] induzieren ebenfalls simultane x_i/t_i-Anpassungen entlang dieser Grenzen[23], nicht jedoch entlang der berechneten Minimalkostenpfade.

Die folgende Modellbetrachtung analysiert nun den kostenminimalen Anlageneinsatz unter Berücksichtigung unterschiedlicher Nebenbedingungen der Produktion. Dabei wird von im Produktionsprozeß konstanten Restriktionen der einzelnen Planungsgrößen ausgegangen.

---

21 Vgl. Altrogge (Kostenfunktionen) S. 415. Strecken AB und CD in Abb. 35.

22 In einem solchen Fall gilt dann z.B. $x_i^{min}=x_i^{min}(t_i)$ oder $t_i^{min}=t_i^{min}(x_i)$.

23 Vgl. Altrogge (Kostenfunktionen) S. 413 ff.

5.42 Die Simultananpassung unter Berücksichtigung von Intensitätsrestriktionen

5.421 Intensitätsober- und -untergrenzen (Modell B)

Der Einfluß von Intensitätsober- und -untergrenzen auf den kostenminimalen Einsatz von zwei Produktionsanlagen soll - ausgehend von dem Modell A und den dort gewonnenen Ergebnissen - aufgrund marginalanalytischer Überlegungen hergeleitet und veranschaulicht werden.

Ausgangspunkt der Analyse ist die oben[24] hergeleitete notwendige Bedingung einer kostenminimalen Produktion. Diese verlangt, daß bei simultaner Anpassung der Planungsparameter an alternative Ausbringungsmengen im Optimalverhalten immer ein identisches Grenzkostenniveau realisiert wird, wobei die Anlage mit den niedrigeren Grenzkostensätzen zuerst eingesetzt wird.

Da die Diskussion der optimalen Kostenpolitik einer Unternehmung sehr vielen Prämissen unterliegt und nicht sämtliche dieser Prämissenkonstellationen erörtert werden können, sind zuvor einige modellspezifische Annahmen zu formulieren:

1. die Intensitäten $x_i = b_i/2a_i$ liegen für beide Produktionsanlagen nicht in dem zulässigen Definitionsbereich, d.h. es gilt $x_i^{min} > b_i/2a_i$,[25]

2. die Grenzkosten von Aggregat 1 sind bei Produktionsbeginn, d.h. bei zeitlicher Anpassung mit Mindestintensität, geringer als die Grenzkosten von Aggregat 2[26]:

$$\frac{\partial K_1(x_1^{min}, t_1)}{\partial t_1} \cdot \frac{\partial t_1}{\partial M^{min}} < \frac{\partial K_2(x_2^{min}, t_2)}{\partial t_2} \cdot \frac{\partial t_2}{\partial M^{min}},$$

---

24 Vgl. Abschnitt 5.3.

25 Diese Annahme bedingt die Planungsrelevanz der Leistungsgraduntergrenzen.

26 Diese Modellannahme gilt auch für den im folgenden Abschnitt diskutierten Sonderfall eines Ausschlusses intensitätsmäßiger Anpassung.

3. die Partialprozesse der Anpassung werden jeweils durch die aggregatspezifischen Nebenbedingungen der Anlage 1 beendet, nachdem die Nebenbedingungen der Anlage 2 diesen Teilprozeß zuvor ermöglichten. Dabei wird implizit vorausgesetzt, daß eine Simultananpassung des ersten Aggregatsystems kostenminimal erst nach der Inbetriebnahme des zweiten Systems erfolgt und Anlage 1 diesen "Vorsprung" behält.

Der Gesamtanpassungsprozeß von zwei Produktionsanlagen kann dann in Abhängigkeit von bestimmten verfahrenskritischen Produktmengen M^{Bb} in 6 Teilprozesse zerlegt werden.

1. Teilprozeß - für Produktmengen in Intervall $[0,M^{B1}]$:

Zunächst wird infolge des niedrigeren Grenzkostenniveaus ausschließlich Anlage 1 zur Produktion herangezogen und mit ihrer Mindestintensität zeitlich angepaßt.

Für die Beschäftigungszeit folgt daraus:

$$t_1^{opt-B(1)}(M) = \frac{M}{x_1^{min}} .$$

Die Produktmenge M ist in diesem Intervall damit als

$$M = x_1^{min} \cdot t_1^{opt-B(1)}$$

eindeutig vorgegeben.

Für die Grenzkosten $\lambda^{B(1)}$ der Produktion ergibt sich infolgedessen:

$$\lambda^{B(1)} = \frac{\partial K(x_1^{min}, t_1)}{\partial t_1} \cdot \frac{\partial t_1}{\partial M} .$$

2. Teilprozeß - für Produktmengen im Intervall$[M^{B1},M^{B2}]$:

Der erste Teilprozeß endet bei einer Ausbringungsmenge M^{B1}, wenn die Grenzkosten von Anlage 1 das Grenzkostenniveau bei Inbetriebnahme von Anlage 2 erreicht haben, d.h. wenn für $M_1=M^{B1}$ und $M_2=M_2^{min}$ gilt:

$$\frac{\partial K_1(x_1^{min},t_1)}{\partial t_1} \cdot \frac{\partial t_1}{\partial M_1} = \frac{\partial K_2(x_2^{min},t_2)}{\partial t_2} \cdot \frac{\partial t_2}{\partial M_2} .$$

Für Fertigungsmengen $M^{B1} \le M \le M^{B2}$ werden die zwei Aggregate zeitlich angepaßt, wobei auf beiden Anlagen bei paralleler Anpassung ein einheitliches Grenzkostenniveau λ^{B2} existiert.

$$\lambda^{B2} = \frac{\partial K_1(x_1^{min},t_1)}{\partial t_1} \cdot \frac{\partial t_1}{\partial M_1} = \frac{\partial K_2(x_2^{min},t_2)}{\partial t_2} \cdot \frac{\partial t_2}{\partial M_2}$$

Dabei gilt für die Gesamtproduktion M:

$$M = x_1^{min} \cdot t_1 + x_2^{min} \cdot t_2 .$$

Die Bestimmungsgleichungen für den Minimalkostenpfad $t_2^{opt-B(2)}(t_1)$, der dieser Grenzkostenbedingung genügt, ergeben sich daraus als

$$\lambda^{B(2)} = a_1 x_1^{min^2} - b_1 x_1^{min} + c_1 + 2e_1 t_1$$

und

$$\lambda^{B(2)} = a_2 x_2^{min^2} - b_2 x_2^{min} + c_2 + 2e_2 t_2 .$$

Die Auflösung des Gleichungssystems führt zu dem kombinativen Expansionspfad einer simultanen zeitlichen Anpassung der Aggregate mit

$$t_2^{opt-B(2)} = q^{B(2)'} \cdot t_1 + q^{B(2)''},$$

wobei die Größen $q^{B(2)'}$ und $q^{B(2)''}$ mit

$$q^{B(2)'} = \frac{e_1}{e_2}$$

$$q^{B(2)''} = \frac{a_1 x_1^{min^2} - b_1 x_1^{min} + c_1 - a_2 x_2^{min^2} + b_2 x_2^{min} - c_2}{2e_2}$$

infolge der Nebenbedingungen als konstant vorgegeben sind.

3. Teilprozeß - für Produktmengen im Intervall [M^{B2},M^{B3}]:

Bei einer Gesamtproduktion von M^{B2}, für die gilt

$$M^{B2}$$

$$= x_1^{min} \cdot t_1(M^{B2}) + x_2^{min} \cdot t_2^{opt-B(2)}(M^{B2})$$

$$= x_1^{min} \cdot t_1^{opt-A}(x_1^{min}) + x_2^{min} \cdot t_2^{opt-B(2)}(M^{B2}),$$

wird der 2. Teilprozeß beendet, da Ausbringungsmengen $M_1 > x_1^{min} \cdot t_1^{opt-A}(x_1^{min})$ auf Anlage 1 jetzt auch bei intensitätsmäßiger Anpassung des Aggregatsystems gefertigt werden können.

Für Fertigungsmengen $M^{B2} \leq M \leq M^{B3}$ ist infolgedessen ein Anpassungsvorgang zu formulieren, in dem Aggregat 1 simultan zeitlich-intensitätsmäßig und Aggregat 2 weiterhin parallel zeitlich angepaßt wird und auf beiden Produktionsanlagen identische Grenzkosten $\lambda^{B(3)}$ realisiert werden.

Dieses modifizierte Planungsproblem ist durch das folgende Gleichungssystem beschrieben.

$$\lambda^{B(3)} = \frac{\partial K}{\partial x_1} \cdot \frac{\partial x_1}{\partial M} = 3a_1 x_1^2 - 2b_1 x_1 + c_1 + e_1 t_1$$

$$\lambda^{B(3)} = \frac{\partial K}{\partial t_1} \cdot \frac{\partial t_1}{\partial M} = a_1 x_1^2 - b_1 x_1 + c_1 + 2e_1 t_1$$

$$\lambda^{B(3)} = \frac{\partial K}{\partial t_2} \cdot \frac{\partial t_2}{\partial M} = a_2 x_2^{min^2} - b_2 x_2^{min} + c_2 + 2e_2 t_2$$

Die Ausbringungsmenge ist in diesem Beschäftigungsbereich als

$$M = x_1 \cdot t_1 + x_2^{min} \cdot t_2$$

definiert.

Für Anlage 1 hat infolgedessen der aus dem Modell A bekannte Minimalkostenpfad

$$t_1^{opt-B(3)}(x_1) = t_1^{opt-A}(x_1) = \frac{2a_1x_1^2 - b_1x_1}{e_1}$$

Gültigkeit.

Der beide Aggregate parallel optimierende Minimalkostenpfad $t_2^{opt-B(3)}(x_1)$ ergibt sich nach Substitution von t_1 durch $t_1^{opt-A}(x_1)$ in den oben formulierten Definitionsgleichungen als Polynom 2. Grades.

$$5a_1x_1^2 - 3b_1x_1 + c_1$$

$$=$$

$$a_2x_2^{min^2} - b_2x_2^{min} + c_2 + 2e_2t_2$$

$$=>$$

$$t_2^{opt-B(3)}(x_1) = \frac{5a_1x_1^2 - 3b_1x_1 + c_1 - a_2x_2^{min^2} + b_2x_2^{min} - c_2}{2e_2} .$$

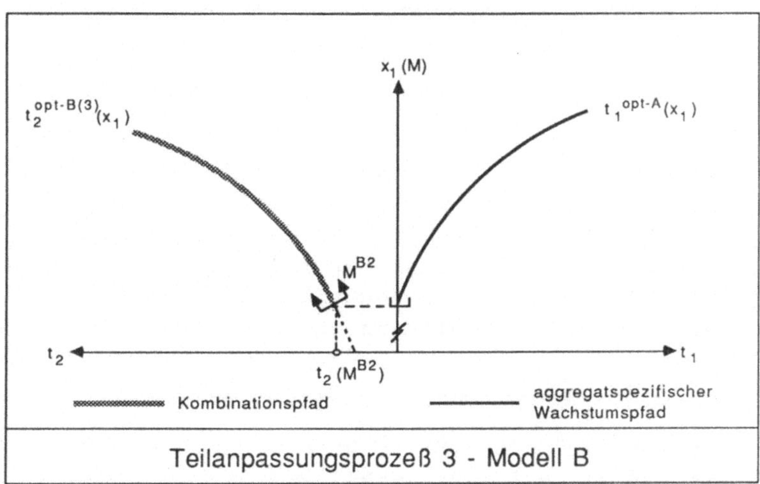

Teilanpassungsprozeß 3 - Modell B

Abbildung 36

Für Produktmengen $M > M^{B2}$ wird über die Nebenbedingung

$$M = x_1 \cdot t_1^{opt-A} + x_2^{min} \cdot t_2^{opt-B(3)}$$

eine eindeutige kostenminimale $x_1/t_1/x_2^{min}/t_2$-Kombination bestimmt, da für t_2 in diesem Intervall definitionsgemäß gilt:

$$t_2 > t_2^{opt-(B3)}(M^{B2}) > 0 .$$

4. Teilprozeß - für Produktmengen im Intervall $[M^{B3}, M^{B4}]$:

Der 3. Anpassungsvorgang endet, wenn auch auf Anlage 2 die Ausbringungsmenge $M_2 = t_2^{opt-A}(x_2^{min}) \cdot x_2^{min}$ produziert wird, d.h. bei einer Gesamtproduktion M^{B3} mit

$$\begin{aligned} &M^{B3} \\ &= x_1(M^{B3}) \cdot t_1^{opt-A}(M^{B3}) \\ &+ x_2^{min} \cdot t_2^{opt-B(3)}(M^{B3}) \\ &= x_1(M^{B3}) \cdot t_1^{opt-A}(M^{B3}) \\ &+ x_2^{min} \cdot t_2^{opt-A}(x_2^{min}) . \end{aligned}$$

Der 4. Teilprozeß ist infolgedessen durch eine parallele Simultananpassung beider Aggregate bei identischen Grenzkosten $\lambda^{B(4)} = \lambda^A$ charakterisiert.

Für die Minimalkostenpfade dieses Intervalls gilt somit

$$t_1^{opt-B(4)}(x_1) = t_1^{opt-A}(x_1),$$

und

$$x_2^{opt-B(4)}(x_1) = x_2^{opt-A}(x_1) .$$

Für Produktmengen $M^{D3} \leq M \leq M^{D4}$ kommt es hier zu einer Identität der Wachstumspfade der Modelle A und B, wobei den Nebenbedingungen der Produktion damit zunächst keine weitere Planungsrelevanz zukommt.

5. Teilprozeß - für Produktmengen im Interval $[M^{B4}, M^{B5}]$:

Der 5. Teilprozeß ist dadurch gekennzeichnet, daß Aggregat 1 zuvor bei einer Gesamtproduktion von M^{B4} seine Leistungsgradobergrenze x_1^{max} erreicht hat und deshalb für höhere aggregatspezifische Fertigungsmengen nur noch zeitlich angepaßt werden kann.

Aufgrund der Grenzkostenbedingung ergeben sich - in Analogie zum 3. Teilprozeß und bei einem Grenzkostenniveau von $\lambda^{B(5)}$ - die folgenden kostenminimalen

Wachstumspfade der Simultananpassung.

$$t_2^{opt-B(5)} = t_2^{opt-A} = \frac{2a_2x_2^2 - b_2x_2}{e_2}$$

$$t_1^{opt-B(5)}(x_2) = \frac{5a_2x_2^2 - 3b_2x_2 + c_2 - a_1x_1^{max^2} + b_1x_1^{max} - c_1}{2e_1}$$

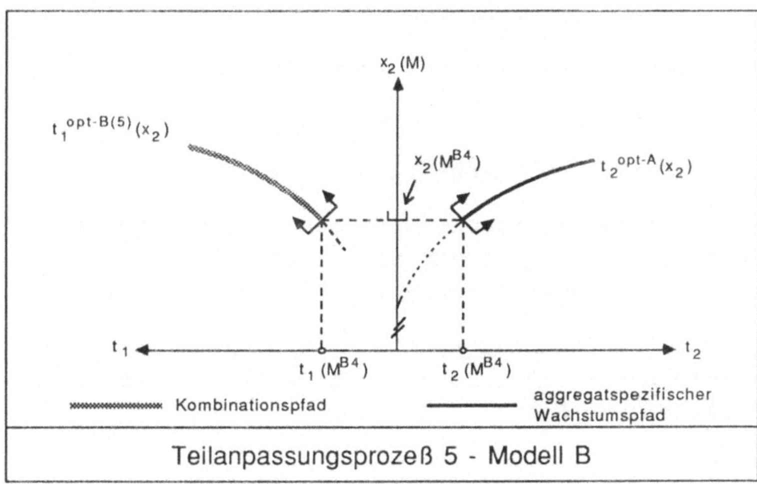

Teilanpassungsprozeß 5 - Modell B

Abbildung 37

Dieser Teilprozeß gilt für eine Gesamtproduktion im Beschäftigungsintervall $[M^{B4}, M^{B5}]$, mit

$$M^{B4}$$

$$= x_1(M^{B4}) \cdot t_1^{opt-A}(M^{B4})$$

$$+ x_2^{opt-A}(M^{B4}) \cdot t_2^{opt-A}(M^{B4})$$

$$= x_1^{max} \cdot t_1^{opt-A}(x_1^{max})$$

$$+ x_2^{opt-A}(M^{B4}) \cdot t_2^{opt-A}(M^{B4}),$$

und endet bei einer Ausbringung von M^{B5}, bei der auch Anlage 2 ihre Leistungsgradobergrenze erreicht.

6. Teilprozeß - für Produktmengen im Intervall $[M^{B5},M]$:

Die Fertigungsmenge M kann - für $M > M^{B5}$ - nur noch bei simultaner zeitlicher Anpassung beider Aggregatsysteme produziert werden, wobei deren Leistungsgrade x_i mit $x_i = x_i^{max}$ als konstant vorgegeben sind.

Für die verfahrenskritische Produktion M^{B5} gilt infolgedessen:

$$\begin{aligned} M^{B5} &= x_1(M^{B5}) \cdot t_1^{opt-B(5)}(M^{B5}) \\ &+ x_2^{opt-A}(M^{B5}) \cdot t_2^{opt-A}(M^{B5}) \\ &= x_1^{max} \cdot t_1^{opt-B(5)}(x_2^{max}) \\ &+ x_2^{max} \cdot t_1^{opt-A}(x_2^{max}) \quad . \end{aligned}$$

Bei paralleler Anpassung der noch disponierbaren Planungsgrößen t_i ist auf beiden Anlagen ein identisches Grenzkostenniveau $\lambda^{B(6)}$ zu realisieren.

Der Minimalkostenpfad $t_2^{opt-B(6)}(t_1)$ kann damit in Analogie zum 2. Teilprozeß hergeleitet werden und hat die allgemeine Form

$$t_2^{opt-B(6)}(t_1) = q^{B(6)'} \cdot t_1 + q^{B(6)''} \quad ,$$

wobei für die Koeffizienten $q^{B(6)}$ gilt:

$$q^{B(6)'} = \frac{e_1}{e_2} \quad ,$$

$$q^{B(6)''} = \frac{a_1 x_1^{max^2} - b_1 x_1^{max} + c_1 - a_2 x_2^{max^2} + b_2 x_2^{max} - c_2}{2e_2} .$$

Der 6. Teilprozeß wird beendet, wenn das vorgegebene Produktionsziel $M > M^{B5}$ erreicht ist, da für die parallele zeitliche Anpassung der Aggregatsysteme zunächst keine Zeitrestriktionen zu berücksichtigen sind.

Die nachfolgende Abbildung veranschaulicht den oben geschilderten simultanen Gesamtanpassungsprozeß der beiden Produktionsanlagen, wobei der Expansionspfad für das 4. Anpassungsintervall in der x_1/x_2-Ebene abgebildet wird, um die Vergleichbarkeit mit dem Ausgangsmodell A herzustellen[27].

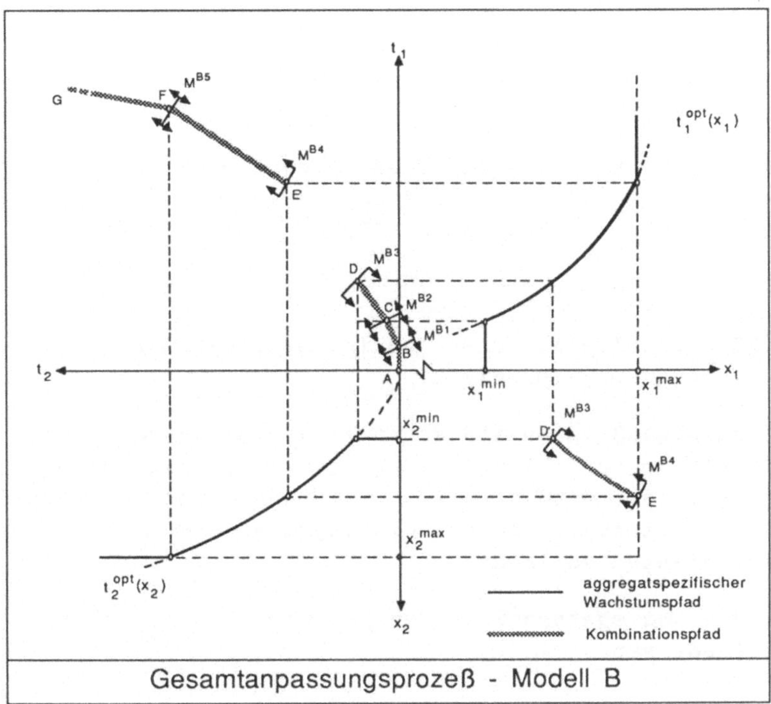

Gesamtanpassungsprozeß - Modell B

Abbildung 38

Für die kombinativen Minimalkostenpfade der parallelen Anpassung in Abbildung 38 gilt:

$AB = t_2^{opt-B(1)} = 0,$
$BC = t_2^{opt-B(2)}(t_1),$
$CD = t_2^{opt-B(3)}(x_1)$ [28],
$D'E = x_2^{opt-B(4)}(x_1),$
$E'F = t_1^{opt-B(5)}(x_2)$ [29],
$FG = t_2^{opt-B(6)}(t_1).$

Für die Grenzkosten der einzelnen Teilprozesse n (n=1,2,3,5,6) der Anpassung folgt dann

$$\lambda^{B(n)} > \lambda^{A} \quad ,$$

d.h. aufgrund der - den Restriktionen entsprechend -

27 Für das 4. Intervall wäre jedoch auch eine Transformation in die t_1/t_2-Ebene möglich.
28 Tranformiert in die t_1/t_2-Ebene.
29 Tranformiert in die t_1/t_2-Ebene.

modifizierten Mengenbedingungen werden bei einer Anpassung der Produktion im Vergleich zum Modell A insgesamt höhere Grenzkosten realisiert, da von den Minimalkostenpfaden des Ausgangsmodells, welches höchstmögliche Freiheitsgrade und damit kostengünstigste Produktionsbedingungen unterstellt, abgewichen wurde.

Die verfahrenskritischen Produktionen M^{Bb} sind infolge gleicher Grenzkostensätze "Indifferenzmengen" der angrenzenden teilprozeßspezifischen Minimalkostenpfade.

5.422 Spezialfall: Ausschluß intensitätsmäßiger Anpassung (Modell C)

Der Ausschluß intensitätsmäßiger Anpassung kann insoweit als Sonderfall der Leistungsgradrestriktionen interpretiert werden, als im folgenden eine Identität der aggregatspezifischen Leistungsgradober- und -untergrenzen vorliegt.

Für die aggregatspezifischen Nebenbedingungen gilt infolgedessen

$$x_i^{min} = x_i^{max} = x_i^c,$$

wobei x_i^c den konstanten Leistungsgrad der Anlage i angibt.

Das Optimierungsproblem für den kostenminimalen Einsatz von zwei Produktionsanlagen ist damit als

$$K(x_1^c, x_2^c, t_1, t_2) = K(t_1, t_2) \rightarrow \min.$$

zu formulieren.

Dabei ist für die Gesamtproduktion M die modifizierte Nebenbedingung der Produktion

$$M = \sum_{i=1}^{2} x_i^c \cdot t_i = M(t_1, t_2)$$

im Planungsansatz zu berücksichtigen.

Die Produktionskosten können in diesem Fall vereinfacht als

$$K(t_1,t_2) = \sum_{i=1}^{2} (o_i^{C'} \cdot t_i + o_i^{C''} \cdot t_i^2)$$

definiert werden, wobei die Ersatzvariablen $o_i^{C'}$ und $o_i^{C''}$ als

$$o_i^{C'} = a_i x_i^3 - b_i x_i^2 + c_i x_i$$

und

$$o_i^{C''} = e_i x_i$$

- mit $x_i = x_i^c$ - zu formalisieren sind.

Aus der daraus resultierenden modifizierten Lagrange-Funktion

$$K^{LC}(t_1,t_2,\lambda^C) = \sum_{i=1}^{2} o_i^{C'} \cdot t_i + o_i^{C''} \cdot t_i^2 + \lambda^C \left(M - \sum_{i=1}^{2} x_i^c \cdot t_i\right)$$

ergeben sich nach partieller Differenzierung und anschließender Umformung die Bestimmungsgleichungen (i=1,2) des Minimalkostenpfads mit

$$\lambda^C = \frac{o_i^{C'}}{x_i^c} + 2 \frac{o_i^{C''}}{x_i^c} t_i .$$

Der Gesamtanpassungsvorgang für Modell C kann damit in Abhängigkeit von einer verfahrenskritischen Ausbringungsmenge M^{ck} in zwei Partialprozesse unterteilt werden, wobei sich für Produktionen $M \leq M^{ck}$ die Beschäftigungszeit $t_1^{opt-C(1)}$ aus folgendem Ansatz bestimmt:

$$t_1^{opt-C(1)} = \frac{M}{x_1^c} .$$

Der Minimalkostenpfad $t_2^{opt-C(2)}(t_1)$ der beiden Planungsgrößen t_i folgt aus der oben hergeleiteten Definitionsgleichung

$$q_1^{C'} + q_1^{C''} \cdot t_1 = q_2^{C'} + q_2^{C''} \cdot t_2 ,$$

mit:

$q_1^{c'} = o_1^{c'}/x_1^{c}$,

$q_1^{c''} = 2o_1^{c''}/x_1^{c}$,

und hat die allgemeine Form

$$t_2^{opt-C(2)}(t_1) = \frac{q_1^{c'}+q_1^{c''}\cdot t_1}{q_2^{c''}} - \frac{q_2^{c'}}{q_2^{c''}}.$$

Der beide Produktionsanlagen im zweiten Teilprozeß kombinierende Expansionspfad $t_2^{opt-C(2)}(t_1)$ der Simultananpassung bestimmt auch hier die kostenminimale Aufteilung der Gesamtproduktion auf die verfügbaren Aggregatsysteme.

Die konkrete Ausgestaltung der Größen $q_1^{c'}$ und $q_1^{c''}$ entscheidet, welche Anlage aufgrund des niedrigeren Grenzkostensatzes zuerst zum Einsatz kommt sowie über die verfahrenskritische Produktmenge M^{ck}, nach deren Erreichen eine Zuschaltung der in Betriebsbereitschaft ruhenden zweiten Anlage erfolgt und beide Aggregate anschließend zeitlich parallel entlang des berechneten Minimalkostenpfads angepaßt werden.

Die Grenzrate der Parametersubstitution ergibt sich für Modell C während des gesamten 2. Teilprozesses als

$$GPS^{c} = \frac{q_1^{c''}}{q_2^{c''}} = \text{const.},$$

und wird aus diesem Grunde explizit erwähnt.

Der kostenminimale Einsatz beider Aggregate ist für $M \geq M^{ck}$ durch ein identisches Grenzkostenniveau λ^{c} bei simultaner zeitlicher Anpassung der Produktionsanlagen charakterisiert. Aufgrund des Ausschlusses intensitätsmäßiger Anpassung und der infolgedessen modifizierten

Mengenbedingung werden höhere Grenzkosten als im Ausgangsmodell A realisiert, d.h es gilt:

$$\lambda^{C} > \lambda^{A}.$$

Einen möglichen Anpassungsprozeß, wie er oben formal hergeleitet wurde, veranschaulicht die folgende Abbildung.

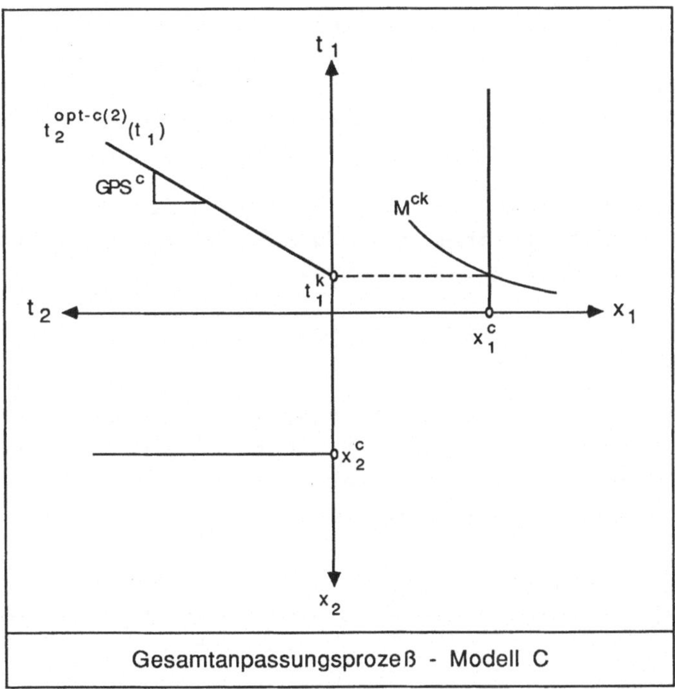

Gesamtanpassungsprozeß - Modell C

Abbildung 39

Dabei wurde - wie oben erwähnt - vorausgesetzt, daß aufgrund des niedrigeren Grenzkostenniveaus zunächst Anlage 1 in Betrieb genommen und zeitlich angepaßt wird. Bei Erreichen der verfahrenskritischen Produktion $M^{ck}=t_1(M^{ck})\cdot x_1{}^{c}$ erfolgt eine Zuschaltung von Aggregat 2 sowie für höhere Produktmengen eine parallele zeitliche Anpassung beider Produktionsanlagen.

5.43 Die Simultananpassung unter Berücksichtigung von Zeitrestriktionen

5.431 Zeitober- und -untergrenzen (Modell D)

Der simultane Anpassungsprozeß soll im folgenden für zwei betriebsbereite Produktionsanlagen bei expliziter Berücksichtigung von aggregatspezifischen Beschäftigungszeitober- und -untergrenzen diskutiert werden.

Aufgrund stetiger und differenzierbarer Kostenfunktionen in den einzelnen Teilprozessen der Gesamtanpassung kann zur Bestimmung einzelner Minimalkostenpfade der verfügbaren Aktionsparameter ebenfalls die Marginalanalyse herangezogen werden.

Ausgangspunkt der Überlegungen ist auch hier das Grenzkostenpostulat, welches den planungsrelevanten Nebenbedingungen entsprechend zu modifizieren ist.

Der Analyse des Anlageneinsatzes liegen die folgenden Modellannahmen zugrunde:

1. die Grenzkosten von Aggregat 1 sind bei Produktionsbeginn, d.h. bei intensitätsmäßiger Anpassung mit Mindesteinsatzzeit, geringer als die Grenzkosten von Aggregat 2:[30]

$$\frac{\partial K_1(x_1, t_1^{min})}{\partial x_1} \cdot \frac{\partial x_1}{\partial M^{min}} < \frac{\partial K_2(x_2, t_2^{min})}{\partial x_2} \cdot \frac{\partial x_2}{\partial M^{min}},$$

2. die einzelnen Partialprozesse der Anpassung werden durch die aggregatspezifischen Nebenbedingungen von Anlage 1 beendet, nachdem der entsprechende Teilprozeß zuvor durch die Nebenbedingungen von Anlage 2 ermöglicht wurde. Auch hierbei wird imlizit vorausgesetzt, daß eine Simultananpassung des ersten Aggregatsystems erst nach der Zuschaltung von Anlage 2 realisiert und dieser relative "Vorsprung" beibehalten wird.

Der Anpassungsprozeß der beiden Aggregatsysteme kann dann ebenfalls in Abhängigkeit von bestimmten Ausbringungsmengen M^{Dd} in 6 Teilprozesse zerlegt werden.

---

30 Diese Prämisse gilt auch für den im nachfolgenden Abschnitt diskutierten Sonderfall eines Ausschlusses zeitlicher Anpassung.

1. Teilprozeß - für Produktmengen im Intervall $[0,M^{D1}]$:

Aufgrund des niedrigeren Grenzkostenniveaus bei Produktionsbeginn wird zuerst ausschließlich mit Aggregat 1 gefertigt, wobei infolge der dort zu beachtenden Zeitrestriktionen während der Mindesteinsatzzeit zunächst nur eine intensitätsmäßige Anpassung erfolgen kann.

Die Optimalintensität ist damit in Abhängigkeit von der Produktionsvorgabe M als

$$x_1^{opt-D(1)}(M) = \frac{M}{t_1^{min}}$$

zu formulieren,

d.h. für die Produktmenge M gilt im ersten Teilprozeß die Nebenbedingung

$$M = x_1 \cdot t_1^{min}.$$

Das Grenzkostenniveau $\lambda^{D(1)}$ dieser Produktmengen ist infolgedessen als

$$\frac{\partial K}{\partial x_1} \cdot \frac{\partial x_1}{\partial M} = 3a_1 x_1^2 - 2b_1 x_1 + c_1 + e_1 t_1^{min}$$

definiert.

2. Teilprozeß - für Produktmengen im Intervall $[M^{D1},M^{D2}]$:

Der erste Teilprozeß endet bei einer verfahrenskritischen Ausbringungsmenge M^{D1}, wenn die Grenzkosten $\lambda^{D(1)}$ das Grenzkostenniveau der Inbetriebnahme von Aggregat 2 erreicht haben.

Hierfür gilt die Grenzkostenbedingung

$$\frac{\partial K_1(x_1, t_1^{min})}{\partial t_1} \cdot \frac{\partial t_1}{\partial M_1} = \frac{\partial K_2(x_2, t_2^{min})}{\partial t_2} \cdot \frac{\partial t_2}{\partial M_2}$$

mit: $M_1 = M^{D1}$,

$M_2 = M_2^{min}$.

Ausbringungsmengen $M^{D1} \leq M \leq M^{D2}$ werden bei paralleler intensitätsmäßiger Anpassung beider Aggregatsysteme gefertigt, wobei auf beiden Anlagen ein identisches Grenzkostenniveau $\lambda^{D(2)}$ realisiert wird.

$$\lambda^{D(2)} = \frac{\partial K(\underline{x},\underline{t}^{min})}{\partial t_1} \cdot \frac{\partial t_1}{\partial M} = \frac{\partial K(\underline{x},\underline{t}^{min})}{\partial t_2} \cdot \frac{\partial t_2}{\partial M}$$

mit:

$M = M_1 + M_2$,

$M_1 = x_1 \cdot t_1{}^{min}$,

$M_2 = x_2 \cdot t_2{}^{min}$.

Der kostenminimale Wachstumspfad $x_2{}^{opt-D(2)}(x_1)$ dieses Teilanpassungsprozesses ergibt sich aus seinen Bestimmungsgleichungen

$$\lambda^{D(2)} = 3a_1 x_1{}^2 - 2b_1 x_1 + c_1 + e_1 t_1{}^{min}$$

und

$$\lambda^{D(2)} = 3a_2 x_2{}^2 - 2b_2 x_2 + c_2 + e_2 t_2{}^{min}.$$

Die Auflösung dieses Gleichungssystems[31] führt zu dem Minimalkostenpfad[32]

$$x_2{}^{opt-D(2)}(x_1) = \frac{\sqrt{9a_1 a_2 x_1{}^2 - 6a_2 b_1 x_1 + A^{D(2)}} + b_2}{3a_2}$$

mit:

$$A^{D(2)} = 3a_2 e_1 t_1{}^{min} + 3a_2 c_1 + b_2{}^2 - 3a_2 e_2 t_2{}^{min} - 3a_2 c_2.$$

Für alternative Ausbringungsmengen $M \in [M^{D2}, M^{D3}]$ ist mit $x_2{}^{opt-D(2)}(x_1)$ die kostenminimale simultane Kombinationsstrategie der Anpassung beider Produktionsanlagen festgelegt.

---

31 Vgl. Anhang 3.

32 Durch die beschriebenen Nebenbedingungen der Planungsvariablen und Planungskonstanten ist sicherzustellen, daß der Ausdruck unter dem Wurzelzeichen nicht negativ wird. Dieses gilt auch für die nachfolgenden Minimalkostenpfade. Vgl. Abschnitt 5.3.

3. Teilprozeß - für Produktmengen im Intervall $[M^{D2}, M^{D3}]$:

Der zweite Teilprozeß wird bei einer kritischen Produktion M^{D2} beendet, für die gilt:

$$\begin{aligned} M^{D2} &= x_1^{opt-D(2)}(M^{D2}) \cdot t_1^{min} \\ &+ x_2^{opt-D(2)}(M^{D2}) \cdot t_2^{min} \\ &= x_1^{opt-D(2)}(M^{D2}) \cdot t_1^{opt-A}[x_1^{opt-D(2)}(M^{D2})] \\ &+ x_2^{opt-D(2)}(M^{D2}) \cdot t_2^{min}, \end{aligned}$$

da nun Fertigungsmengen

$$M_1 > x_1^{opt-D(2)}(M^{D2}) \cdot t_1^{opt-A}[x_1^{opt-D(2)}(M^{D2})]$$

auf Anlage 1 auch bei simultaner zeitlich-intensitätsmäßiger Anpassung produziert werden können, und dieses aggregatspezifische Anpassungsverhalten grundsätzlich kostengünstiger ist.

Für Ausbringungsmengen $M^{D2} \leq M \leq M^{D3}$ ist deshalb ein simultaner Anpassungsprozeß zu formulieren, bei welchem Anlage 1 zeitlich-intensitätsmäßig und Anlage 2 parallel dazu weiterhin intensitätsmäßig angepaßt wird, und auf beiden Produktionsanlagen identische Grenzkosten $\lambda^{D(3)}$ realisiert werden.

Aus diesem Planungsproblem leitet sich das folgende Gleichungssystem zur Bestimmung der einzelnen Expansionspfade der disponierbaren Parameter ab:

$$\lambda^{D(3)} = \frac{\partial K}{\partial x_1} \cdot \frac{\partial x_1}{\partial M} = 3a_1 x_1^2 - 2b_1 x_1 + c_1 + e_1 t_1,$$

$$\lambda^{D(3)} = \frac{\partial K}{\partial t_1} \cdot \frac{\partial t_1}{\partial M} = a_1 x_1^2 - b_1 x_1 + c_1 + 2e_1 t_1,$$

$$\lambda^{D(3)} = \frac{\partial K}{\partial x_2} \cdot \frac{\partial x_2}{\partial M} = 3a_2 x_2^2 - 2b_2 x_2 + c_2 + e_2 t_2^{min}.$$

Für Aggregat 1 hat damit der aggregatspezifische Expansionspfad des Ausgangsmodells

$$t_1^{opt-D(3)}(x_1) = t_1^{opt-A} = \frac{2a_1x_1^2 - b_1x_1}{e_1}$$

Gültigkeit.

Der beide Produktionsanlagen kostenminimal verknüpfende Wachstumspfad $x_2^{opt-D(3)}(x_1)$ ergibt sich aus dem Gleichungssystem durch Substitution von t_1 durch $t_1^{opt-A}(x_1)$ und anschließender Auflösung[33] nach x_2.

$$5a_1x_1^2 - 3b_1x_1 + c_1$$

$$=$$

$$3a_2x_2^2 - 2b_2x_2 + c_2 + e_2t_2^{min}$$

$$=>$$

$$x_2^{opt-D(3)}(x_1) = \frac{\sqrt{15a_1a_2x_1^2 - 9a_2b_1x_1 + A^{D(3)}} + b_2}{3a_2}$$

mit:

$$A^{D(3)} = 3a_2c_1 + b_2^2 - 3a_2e_2t_2^{min} - 3a_2c_2.$$

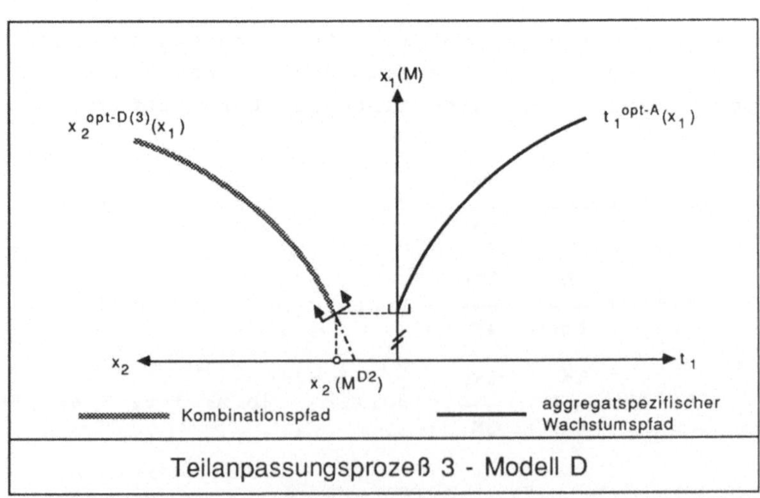

Teilanpassungsprozeß 3 - Modell D

Abbildung 40

33 Vgl. Anhang 4.

Die kostenminimale Parameterkombination ist für konkrete Produktionsvorgaben aus der Mengenbedingung

$$M = x_1 \cdot t_1^{opt-A}(x_1) + x_2^{opt-D(3)}(x_1) \cdot t_2^{min}$$

zu bestimmen.

4. Teilprozeß - für Produktmengen im Intervall $[M^{D3}, M^{D4}]$:

Erreicht die aggregatspezifische Ausbringungsmenge M_2 bei einer Gesamtproduktion von M^{D3} das Niveau

$$\begin{aligned} M_2 &= x_2^{opt-D(3)}(M^{D3}) \cdot t_2^{min} \\ &= x_2^{opt-D(3)}(M^{D3}) \cdot t_2^{opt-A}[x_2^{opt-D(3)}(M^{D3})], \end{aligned}$$

kann Anlage 2 für Produktmengen $M > M^{D3}$ jetzt ebenfalls zeitlich-intensitätsmäßig angepaßt werden.

Für die verfahrenskritische Ausbringungsmenge M^{D3} gilt

$$\begin{aligned} & M^{D3} \\ &= x_1^{opt}(M^{D3}) \cdot t_1^{opt-A}(M^{D3}) \\ &+ x_2^{opt-D(3)}(M^{D3}) \cdot t_2^{opt-A}[x_2^{opt-D(3)}(M^{D3})]. \end{aligned}$$

Im 4. Teilproezeß erfolgt damit eine parallele Simultananpassung beider Produktionsanlagen bei gleichen Grenzkosten $\lambda^{D(4)}$ entlang der Minimalkostenpfade des Ausgangsmodells.

$$t_1^{opt-D(4)}(x_1) = t_1^{opt-A}(x_1)$$

$$x_2^{opt-D(4)}(x_1) = x_1^{opt-A}(x_1)$$

5. Teilprozeß - für Produktmengen im Intervall $[M^{D4}, M^{D5}]$:

Der sich anschließende 5. Teilprozeß ist dadurch charakterisiert, daß Anlage 1 bei einer Gesamtproduktion von M^{D4}, mit

$$\begin{aligned} & M^{D4} \\ &= x_1^{opt-A}(M^{D4}) \cdot t_1^{opt-A}(M^{D4}) \\ &+ x_2^{opt-A}(M^{D4}) \cdot t_2^{opt-A}(M^{D4}), \end{aligned}$$

seine Beschäftigungszeitobergrenze t_1^{max} erreicht hat und für Produktmengen $M^{D4} \leq M \leq M^{D5}$ nur noch intensitätsmäßig angepaßt werden kann.

$$t_1^{opt-A}(M^{D4}) = t_1^{max}$$

Aus der Grenzkostenbedingung ergeben sich in Analogie zum 3. Teilprozeß und bei einem Grenzkostenniveau von $\lambda^{D(5)}$ die folgenden Minimalkostenpfade[34] des 5. Beschäftigungsintervalls

$$x_1^{opt-D(5)}(x_2) = \frac{\sqrt{15a_1 a_2 x_2^2 - 9a_1 b_2 x_2 + A^{D(5)}} + b_1}{3a_1}$$

mit:

$$A^{D(5)} = 3a_1 c_2 + b_1^2 - 3a_1 e_1 t_1^{max} - 3a_1 c_1 .$$

und

$$t_2^{opt-D(5)}(x_2) = t_2^{opt-A}(x_2).$$

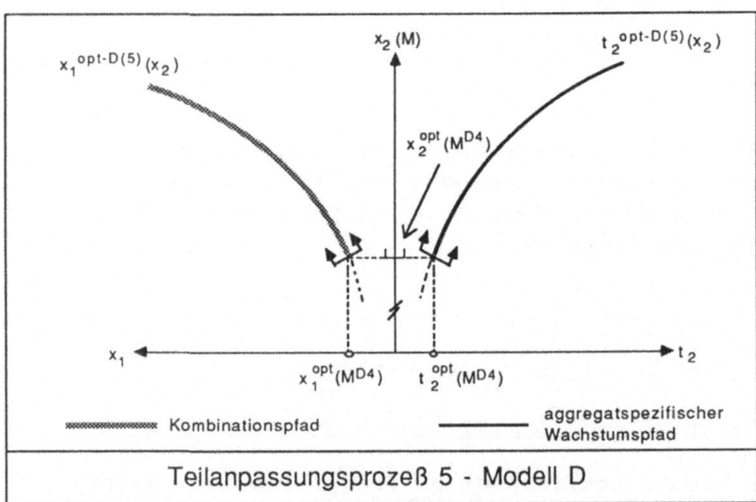

Abbildung 41

Dieser Anpassungsprozeß endet, wenn auch Anlage 2 bei einer Produktion M^{D5} ihre Beschäftigungszeitobergrenze t_2^{max} erreicht.

34 Vgl. Anhang 5.

6. Teilprozeß - für Produktmengen im Intervall $[M^{D5},M]$:

Gesamtausbringungsmengen M, die über eine Produktion von M^{D5}, mit

$$M^{D5} = x_1^{opt-D(4)}[x_2^{opt-D(4)}(M^{D5})]\cdot t_1^{max} + x_2^{opt-D(4)}(M^{D5})\cdot t_2^{max},$$

hinausgehen, können nur noch durch eine parallele intensitätsmäßige Anpassung beider Produktionsanlagen gefertigt werden, wobei die Einsatzzeiten t_i der Aggregate mit t_i^{max} vorgegeben sind und damit nicht mehr als Planungsvariable zur Disposition stehen.

Gemäß dem Grenzkostenpostulat wird für diesen Fall auf beiden Anlagen ein Grenzkostenniveau $\lambda^{D(6)}$ realisiert, für das gilt:

$$\lambda^{D(6)} = \frac{\partial K}{\partial x_1}\cdot\frac{\partial x_1}{\partial M} = \frac{\partial K}{\partial x_2}\cdot\frac{\partial x_2}{\partial M}.$$

Dabei sind die anpassungsintervallspezifischen Nebenbedingungen der Fertigung $t_i=t_i^{max}$ und $M>M^{D5}$ zu beachten.

Der Minimalkostenpfad $x_2^{opt-D(6)}(x_1)$ ergibt sich daraus - dem 2. Teilprozeß[35] entsprechend - als

$$x_2^{opt-D(6)}(x_1) = \frac{\sqrt{9a_1a_2x_1^2-6a_2b_1x_1+A^{D(6)}} + b_2}{3a_2},$$

mit:

$$A^{D(6)} = 3a_2e_1t_1^{max}+3a_2c_1+b_2^2-3a_2e_2t_2^{max}-3a_2c_2.$$

Die parallele intensitätsmäßige Anpassung endet, da keine weitere Nebenbedingung zu einem Abbruch des Anpassungsvorgangs führt, beim Erreichen des mengenmäßigen Produktionsziels M, d.h. bei der vorgegebenen "Planbeschäftigung".

Der damit vollständig hergeleitete Gesamtanpassungsprozeß kann mit der folgenden Abbildung veranschaulicht werden.

---

35 Vgl. Anhang 6.

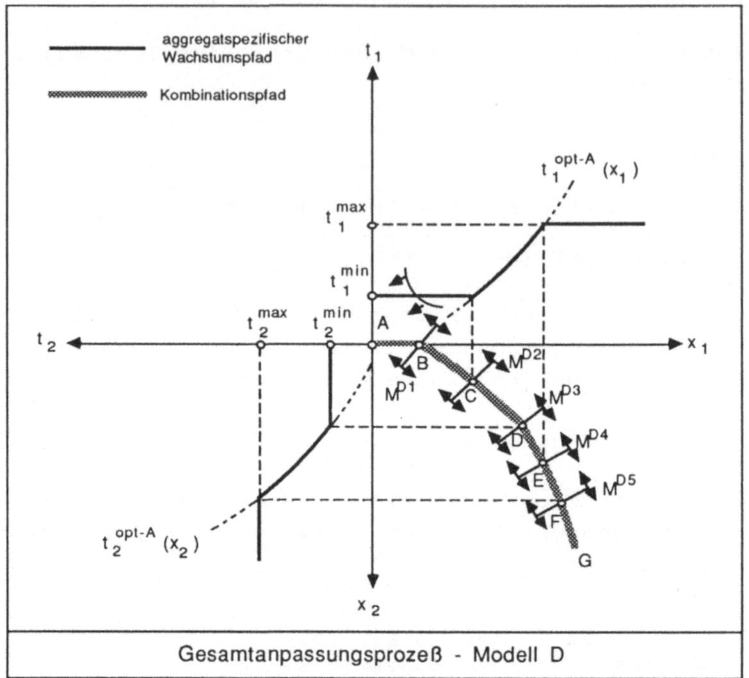

Gesamtanpassungsprozeß - Modell D

Abbildung 42

In Abbildung 42 zeigen die einzelnen Teilstreckenzüge die Minimalkostenfunktionen wie folgt:

$$
\begin{aligned}
AB &= t_2^{opt-D(1)} = 0,\\
BC &= x_2^{opt-D(2)}(x_1),\\
CD &= x_2^{opt-D(3)}(x_1),\\
DE &= x_2^{opt-D(4)}(x_1),\\
EF &= x_1^{opt-D(5)}(x_2),\\
FG &= x_2^{opt-D(6)}(x_1).
\end{aligned}
$$

Aufgrund der durch die modifizierten Produktionsbedingungen notwendigen Abweichungen von den Minimalkostenpfaden des Grundmodells A gilt in den entsprechenden n Teilabschnitten des Anpassungsprozesses (n=1,2,3,5,6)

$$\lambda^{D(n)} > \lambda^{A},$$

d.h. es werden auch hier für gleiche Ausbringungsmengen höhere Grenzkostensätze realisiert.

5.432 Spezialfall: Ausschluß zeitlicher Anpassung (Modell E)

Der Ausschluß zeitlicher Anpassung ergibt sich als Sonderfall aggregatspezifischer Restriktionen der Beschäftigungszeit.

$$t_i^{min} = t_i^{max} = t_i^c$$

Damit stellt die Einsatzzeit t_i^c eine nicht weiter disponierbare Planungskonstante dar.

Das entsprechend modifizierte Planungsproblem für den kostenminimalen Einsatz von zwei Aggregatsystemen folgt daraus als

$$K(x_1, x_2, t_1^c, t_2^c) = K(x_1, x_2) \rightarrow \min.,$$

unter der veränderten Nebenbedingung der Produktion

$$M = \sum_{i=1}^{2} x_i \cdot t_i^c .$$

Die Bestimmungsgleichungen des Minimalkostenpfades der Simultananpassung ergeben sich nach partieller Differenzierung der Lagrange-Funktion

$$K^{LE}(\underline{x}, \lambda^E) = \sum_{i=1}^{2} (a_i x_i^3 - b_i x_i^2 + c_i x_i) \cdot t_i^c + e_i x_i t_i^{c^2}$$
$$+ \lambda^E \cdot (M - \sum_{i=1}^{2} x_i \cdot t_i^c)$$

und anschließender Umformung und Auflösung dieser i Ableitungen (i=1,2) nach λ^E mit

$$\lambda^E = 3a_i x_i^2 - 2b_i x_i + c_i + e_i t_i^c .$$

Der Gesamtanpassungsprozeß für Modell E kann dann in Abhängigkeit von einer verfahrenskritischen Produktion M^{Ek} ebenfalls in zwei Teilprozesse zerlegt werden.

Für $M \leq M^{Ek}$ läßt sich $x_1^{opt-E(1)}$ eindeutig aus dem Ansatz

$$x_1^{opt-E(1)}(M) = \frac{M}{t_1^c}$$

bestimmen, so daß zunächst eine ausschließlich intensitätsmäßige Anpassung der ersten Produktionsanlage aufgrund der dort niedrigeren Grenzkosten bei Produktionsbeginn[36] erfolgt .

Der Minimalkostenpfad der intensitätsmäßigen Simultananpassung $x_2^{opt-E(2)}(x_1)$ resultiert für Produktmengen $M \geq M^{Ek}$ dann aus dem oben hergeleiteten Gleichungssystem[37].

$$x_2^{opt-E(2)}(x_1) = \frac{\sqrt{9a_1a_2x_1^2 - 6a_2b_1x_1 + A^{E(2)}} + b_2}{3a_2}$$

mit:

$$A^{E(2)} = 3a_2e_1t_1^c + 3a_2c_1 + b_2^2 - 3a_2e_2t_2^c - 3a_2c_2 .$$

Das Grenzkostenniveau λ^E ist für gleiche Ausbringungsmengen durch die modifizierte Mengenbedingung auch hier stets höher als das Grenzkostenniveau λ_A des Grundmodells.

$$\lambda_E > \lambda_A$$

Formal ergibt sich die verfahrenskritische Ausbringungsmenge M^{Ek} aus der Mengenbedingung

$$M^{Ek} = x_1^{Ek} \cdot t_1^c + x_2^{opt-E(2)E}(x_1^{Ek}) \cdot t_2^c$$

und anschließender Substitution von $x_1^{Ek}(M^{Ek})$ in den hergeleiteten Minimalkostenpfad, wobei dann gilt:

$$x_2^{opt-E(2)}[x_1^{Ek}(M^{Ek})] = 0.$$

Die Nullstelle dieses Funktionals definiert damit die Größe M^{Ek}.

36 Vgl. Abschnitt 5.431 der Arbeit.
37 Vgl. dazu auch die Berechnung von $x_2^{opt-D(2)}$ im Anhang 3.

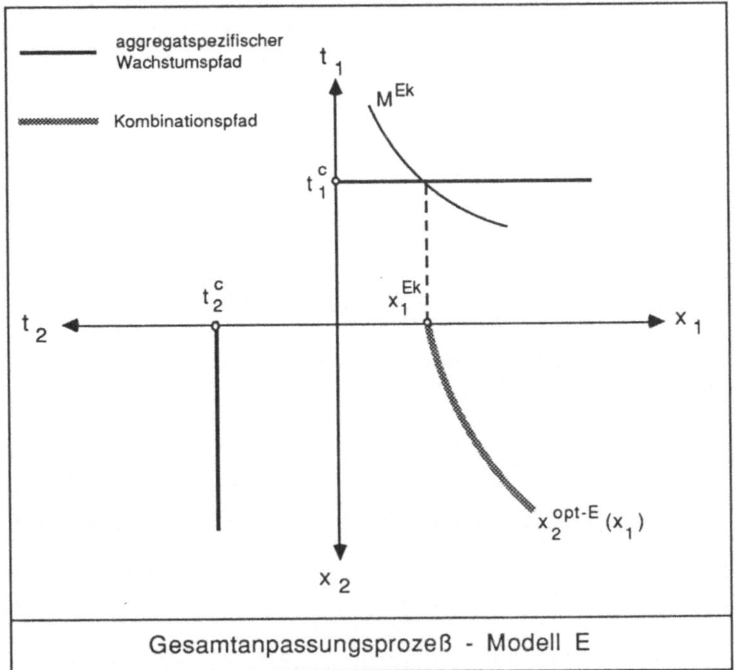

Abbildung 43

Den Gesamtanpassungprozeß für Modell E stellt Abbildung 43 dar.

5.44 Die Simultananpassung unter gleichzeitiger Berücksichtigung von Intensitäts- und Zeitrestriktionen

5.441 Ober- und Untergrenzen der Intensität und der Beschäftigungszeit (Modell F)

Sind bei der Anpassung der Produktionsmengen für die einzelnen Anlagen sowohl Intensitätsrestriktionen - $x_i^{min} \leq x_i \leq x_i^{max}$ - als auch Restriktionen der Beschäftigungszeit - $t_i^{min} \leq t_i \leq t_i^{max}$ - zu beachten, folgt daraus für die Gesamtproduktion, daß ggf. Leerbereiche der Beschäftigung (Definitionslücken des mengenmäßigen Outputs) existieren[38].

Bestimmte Ausbringungsmengen M können angesichts dieser eingeschränkten Produktionsbedingungen nicht immer realisiert werden.

38 Vgl. Altrogge (Einfluß) S. 545 ff.

Für den Fall identischer aggregatspezifischer Mindestproduktionen M_i^{min} und Höchstproduktionen M_i^{max}, mit

$$M_i^{min}=x_i^{min}\cdot t_i^{min}$$

und

$$M_i^{max}=x_i^{max}\cdot t_i^{max},$$

sei dieser Zusammenhang kurz veranschaulicht[39].

Der gesamte Beschäftigungsbereich M ist hierfür definiert als

$$M \in [M_i^{min}, I\cdot M_i^{max}],$$

wobei ein Leerbereich immer dann existiert, wenn gilt

$$(I^*-1)\cdot M_i^{max} \leq I^*\cdot M_i^{min}.$$

Die parametrische Konstante I^* - mit $I^*\leq I$ - gibt dabei die Anzahl der betrachteten Produktionsanlagen an.

Diese Leerbereiche M^{I^*} ergeben sich infolgedessen mit

$$M^{I^*} = I^*\cdot M_i^{min} - (I^*-1)\cdot M_i^{max},$$

d.h. Ausbringungsmengen

$$M \in [(I^*-1)\cdot M_i^{max}, I^*\cdot M_i^{min}]$$

können in diesen Fällen nicht unmittelbar produziert werden.

Aufgrund sprungfixer Kosten $K_i(M_i^{min})$ bei Inbetriebnahme einer Produktionsanlage und unter Berücksichtigung der Existenz der genannten Leerbereiche kann das Planungsproblem nicht mit Hilfe der Marginalanalyse gelöst werden, da die zugrundeliegende Gesamtkostenfunktion K(M) über ihrem gesamten Definitionsbereich M weder stetig noch differenzierbar ist.

Zur Minimierung der oben formulierten planungsrelevanten Kostenfunktion

---

39 Vgl. Altrogge (Einfluß) S. 548 ff.

$$K[\underline{x},\underline{z}(\underline{t}),\underline{t}] = \sum_{i=1}^{2} K_i^G(x_i, t_i) + \sum_{i=1}^{2} K_i^{KH}[x_i, \underline{z}_i(t_i), t_i]$$

unter den weitergehend eingeschränkten Produktionsbedingungen

$$M = \sum_{i=1}^{2} x_i \cdot t_i ,$$

$$x_i^{min} \leq x_i \leq x_i^{max},$$

$$t_i^{min} \leq t_i \leq t_i^{max},$$

$$x_i^{min}, x_i^{max}, t_i^{min}, t_i^{max} > 0,$$

wird im folgenden auf das Verfahren der Dynamischen Programmierung[40] verwiesen, wobei sich für die Lösung kostentheoretischer Anpassungsprobleme die folgende Rekursionsbeziehung - BELLMANsche Funktionalgleichung[41] - ergibt[42]:

$$K_s^{min}(M) = \min_{0 \leq M_s \leq M} \{ K_{s-1}^{min}(M-M_s) + K_{is}[M_s(x_i, t_i)] \}$$

mit :

$K_s(M)^{min}$ - Minimale Kosten für die Produktmenge M auf der Optimierungsstufe s,

$K_{s-1}^{min}(M-M_s)$ - Minimale Kosten für die Produktmenge $(M-M_s)$ auf der Optimierungsstufe (s-1),

$K_{is}[M_s(x_i, t_i)]$ - Kostenfunktion $K_i(M_i)$ der Produktionsanlage i,

M_s - in der s-ten Stufe der Optimierung eingeführte Ausbringungsmenge (=Anpassungsmenge),

40 Vgl. Pack (Elastizität) S. 281 ff.; Altrogge (Einfluß) S. 556 ff.

41 Vgl. Bellman/Dreyfus (Programmierung) S. 88 ff.; Ellinger (Research) S. 249.

42 Vgl. Pack (Elastizität) S. 281 ff.; Pack (Ermittlung) S. 467 ff.; Pack (Produktionsplanung) S. 77 ff.; Ammons/Mc Ginnis (Optimization) S. 307 ff.; Altrogge (Einfluß) S. 556; Ellinger (Research) S. 241 ff.

M - Parametrische Konstante der Gesamtproduktion,

s - Laufindex der Optimierungsstufen (s=1,...,S).

Aufgrund der Unabhängigkeit der aggregatspezifischen Kostenfunktionen infolge additiver Verknüpfung ergibt sich das Gesamtkostenminimum grundsätzlich als kostenminimale Kombination getrennt voroptimierter Produktionsanlagen.

Damit kann die genannte Rekursionsbeziehung auch als

$$K_s^{min}(M) = \min_{0 \le M_s \le M} \{K_{s-1}^{min}(M-M_s) + K_{is}^{min}[M_s(x_i,t_i)]\}$$

formuliert werden, wobei der Ausdruck $K_{is}^{min}(M_s)$ die voroptimierte aggregatspezifische Kostenfunktion darstellt.

Die Voroptimierung erfolgt durch die aggregatspezifische Simultananpassung $t_i^{opt-A}(x_i)$ unter expliziter Berücksichtigung der hier planungsrelevanten Nebenbedingungen der Produktion[43].

Daraus resultieren im Optimalverhalten unterschiedliche simultane Anpassungsprozesse der Produktionsanlagen, wie sie im folgenden exemplarisch veranschaulicht werden.

Der Modellbetrachtung werden die nachstehenden Prämissen zugrundegelegt.

1. Die aggregatspezifischen Wachstumspfade $t_i^{opt-A}(x_i)$ werden durch die Parameterrestriktionen derart beschränkt, daß für die einzelnen Anlagen das folgende Anpassungsverhalten zur kostenminimalen Produktion führt (Voroptimierung):

   a) für Produktmengen im Beschäftigungsbereich $M_i \in [M_i^{min}, M_i^{F1}(x_i^{min}, t_i^{opt-A}(x_i^{min}))]$ werden die Anlagen mit ihrer Mindestintensität x_i^{min} ausschließlich zeitlich angepaßt, d.h. es gilt $t_i \ge t_i^{min}$ und $x_i = x_i^{min}$,

43 Vgl. Abschnitt 5.41 der Arbeit.

b) aggregatspezifische Ausbringungsmengen $M_i \in [M_i^{F1}, M_i^{F2}(x_i^{max}, t_i^{opt-A}(x_i^{max}))]$ werden durch simultane Variation der Anpassungsparameter x_i und t_i entlang des schon bekannten Minimalkostenpfades $t_i^{opt-A}(x_i)$ gefertigt,

c) für Produktmengen $M_i \in [M_i^{F2}, M_i^{max}]$ erfolgt erneut eine ausschließlich zeitliche Anpassung der Produktionsanlagen, d.h. es gilt $t_i \geq t_i^{min}$ und $x_i = x_i^{max}$.

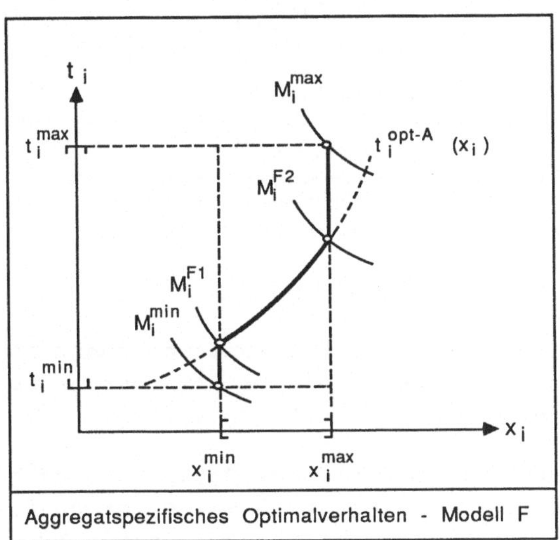

Aggregatspezifisches Optimalverhalten - Modell F

Abbildung 44

Dieses aggregatspezifische Optimalverhalten verdeutlicht Abbildung 44.

2. Ein Gesamtkostenvergleich der voroptimierten Aggregate ergibt den kostenminimalen Einsatz beider Anlagen für die Gesamtproduktion $M = M_1 + M_2$ wie folgt:

a) für $M \in [M^{min}, M^{F2}]$ wird ausschließlich Anlage 1 eingesetzt, d.h. es gilt $M_1^{min} \leq M \leq M_1^{max}$ und $M_1^{min} \leq M_2^{min}$,

b) Gesamtproduktionen $M \in [M^{F2}, M^{F3}]$ werden nur auf Anlage 2 gefertigt, d.h. in diesem Anpassungsintervall gilt $M_2^{min} \leq M \leq M_2^{max}$,

c) für Ausbringungsmengen $M \in [M^{F3}, M^{max}]$ werden beide Anlagen parallel zur Produktion herangezogen.

Abb. 45 veranschaulicht dieses Ergebnis der Dynamischen Programmierung.

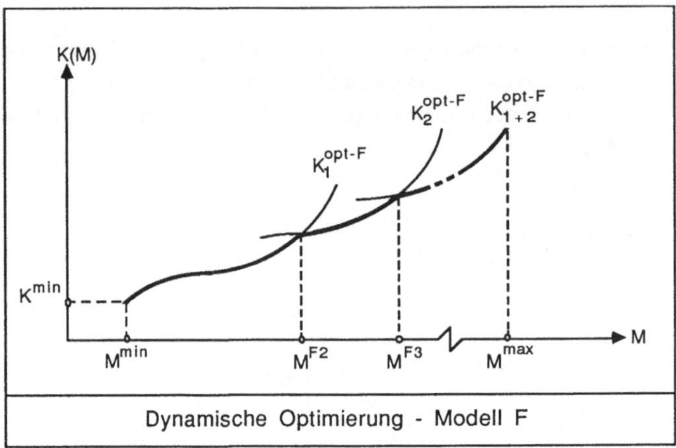

Dynamische Optimierung - Modell F

Abbildung 45

Einen möglichen simultanen Gesamtanpassungsprozeß von zwei Produktionsanlagen, wie er oben beschrieben wurde, zeigt Abbildung 46.

Aufgrund fehlender numerischer Daten wird dabei der Anpassungsvorgang lediglich in seinem grundsätzlichen Verlauf beschrieben, wobei jedoch auf die Ergebnisse der Modelle A-E, d.h. auf die dort hergeleiteten Minimalkostenpfade, zurückgegriffen werden kann.

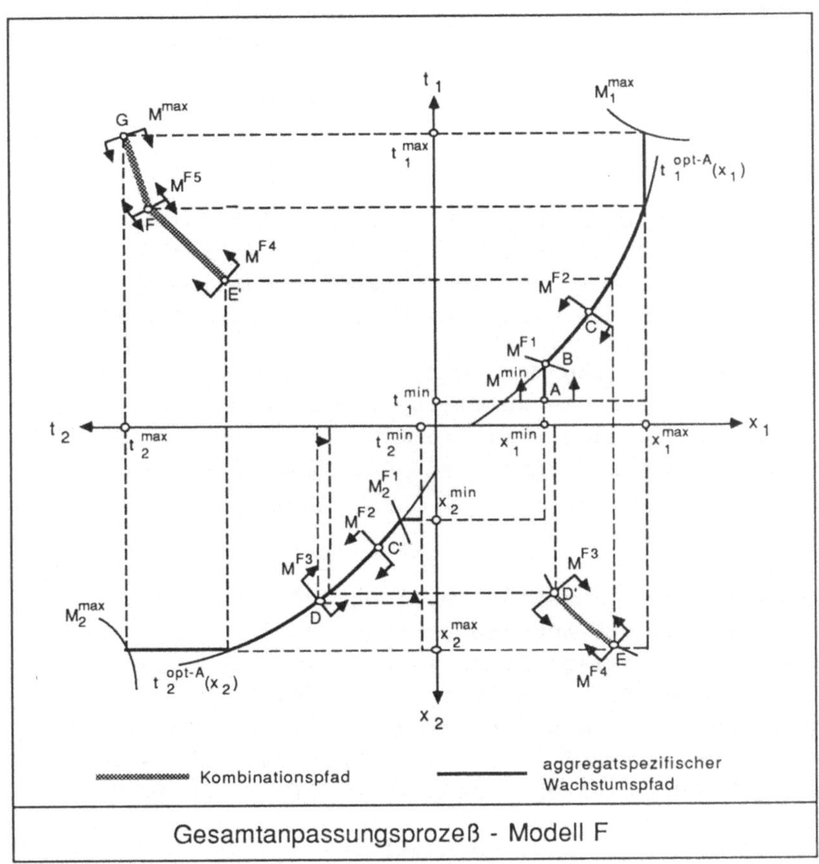

Gesamtanpassungsprozeß - Modell F

Abbildung 46

Für Ausbringungsmengen $M \in [M_1^{min}, M^{F1}]$ wird ausschließlich Anlage 1 zeitlich (Strecke AB) und anschließend für $M \in [M^{F1}, M^{F2}]$ simultan (Strecke BC) angepaßt.

Soll die Produktion weitergehend ausgedehnt werden, so erfolgt im Beschäftigungsbereich $M \in [M^{F2}, M^{F3}]$ der Einsatz nur des zweiten Aggregats bei simultaner Variation der aggregatspezifischen Parameter x_2 und t_2 (Strecke C'D).

Für eine Gesamtproduktion $M > M^{F3}$ ist es kostengünstiger, beide Anlagen simultan zeitlich-intensitätsmäßig anzupassen (Strecke D'E), d.h. eine parallele Fertigung auf beiden Aggregaten zu realisieren, wobei die Ausprägungen der aggregatspezifischen Anpassungsparameter der zweiten Produktionsanlage infolge der modifizierten Mengenbedingung - durch Zuschaltung des ersten Aggregats - zunächst entsprechend zu reduzieren sind.

In dem hier zugrundegelegten Fall wird dieser Teilprozeß bei der Produktion M^{F4} unterbrochen, da Anlage 2 dort ihre Leistungsgradobergrenze x_2^{max} erreicht hat.

Für Fertigungsmengen $M \geq M^{F4}$ erfolgt eine simultane Variation der Parameter x_1, t_1 und t_2 (Strecke E'F), bis auch Anlage 1 bei einer Gesamtproduktion M^{F5} ebenfalls ihre Leistungsgradobergrenze x_1^{max} erreicht.

Ausbringungsmengen $M \quad [M^{F5}, M^{max}]$ können kostenminimal nur durch parallele zeitliche Anpassung der beiden Produktionsanlagen realisiert werden (Strecke FG), wobei für die Leistungsgrade der Aggregate gilt:

$$x_1 = x_1^{max}.$$

An dieser Stelle sei nochmals darauf hingewiesen, daß der geschilderte Anpassungsprozeß von den oben genannten modellspezifischen Prämissen der aggregatspezifischen Voroptimierung, der Dynamischen Optimierung des Gesamtprozesses sowie der daraus abgeleiteten Partialprozesse abhängt und für andere Modellannahmen entsprechend zu modifizieren ist.

Zur Voroptimierung der Produktionsanlagen können dabei Grenzkostenanalysen herangezogen werden, soweit die Kostenfunktionen in den einzelnen Mengenintervallen stetig und differenzierbar sind. Die sprungfixen Kosten beeinflussen zwar die Gesamtanpassungsstrategie der Unternehmung, nicht aber die Kostenpolitik für ein einzelnes Aggregatsystem, da sie in ihrer Höhe nicht von der aggregatspezifischen Beschäftigung beeinflußt werden.

Das Problem der Leerbereiche soll hier nicht weitergehend diskutiert werden. Eine Integration der nicht definierten Produktmengen in den Planungsansatz sowie dessen Lösung mit Hilfe der Dynamischen Programmierung ist grundsätzlich möglich und wurde von ALTROGGE[44] ausführlich erörtert.

Das oben diskutierte Modell F setzt mit JACOB[45]

---

44 Vgl. Altrogge (Einfluß) S. 545 ff.
45 Vgl. Jacob (Produktionsplanung) S. 217.

Intensitäts- und Zeitobergrenzen voraus, betrachtet jedoch darüberhinaus auch planungsrelevante Untergrenzen dieser Parameter sowie beschäftigungszeitabhängige Faktorkosten.

Das einfache Modell des sukzessiven Anpassung von zwei Aggregaten auf der Grundlage der unmodifizierten Produktionsfunktion GUTENBERGs[46] kann jedoch durch reduzierte Modellannahmen für t_i-linearhomogene Kostenfunktionen ohne Probleme aus dem Modell F abgeleitet werden.

In diesem Sonderfall gilt für die Modellgrößen vereinfacht:

$$x_i^{min} = 0,$$

$$t_i^{min} = 0,$$

$$e_i = 0,$$

wobei die optimale Anpassungsstrategie infolge fehlender Kostensprünge alternativ sogar marginalanalytisch bestimmt werden kann[47].

Die folgenden Kapitel betrachten weitere Spezialfälle der Simultananpassung, die sich für das Modell F durch den Ausschluß intensitätsmäßiger und/oder zeitlicher Anpassungsmöglichkeiten ergeben, wobei diese veränderten Nebenbedingungen der Fertigung jeweils für beide Produktionsanlagen gelten[48].

---

46 Vgl. Adam (Produktionspolitik) S. 182 ff.

47 Vgl. Adam (Produktionspolitik) S. 182 ff.

48 Die Beschränkung der Ausführungen auf gerade diese speziellen Modellvarianten ist mit ihrer Bedeutung für das später zu diskutierende Prozeßsplitting nicht stetiger Kostenfunktionen bzw. mit den identischen Prämissenkonstellationen des aus der Literatur bekannten Modells des aggregatspezifischen Intensitätssplittings zu begründen. Zu unterschiedlichen aggregatspezifischen Modellannahmen vgl. Abschnitt 5.53 der Arbeit.

5.442 Spezialfall: Ausschluß intensitätsmäßiger Anpassung (Modell G)

Die vereinfachte Kostenfunktion bei Ausschluß intensitätsmäßiger Anpassung der Produktionsanlagen ist formal als[49]

$$K(\underline{t}) = \sum_{i=1}^{2} o_i^{G'} \cdot t_i + o_i^{G''} \cdot t_i^2$$

zu formulieren und zeigt als Polynom 2. Grades dessen charakteristischen Verlauf.

Aufgrund der Restriktion $t_i^{min} \leq t_i \leq t_i^{max}$ verursacht die Inbetriebnahme eines Aggregats sprungfixe Kosten $K_i(t_i^{min})$, so daß die Anwendungsvoraussetzungen für einen Grenzkostenansatz zur Bestimmung des kostenminimalen Anlageneinsatzes nicht vorliegen und auf einen Gesamtkostenvergleich zurückgegriffen werden muß.

Für dieses modifizierte Planungsproblem folgt die Rekursionsbeziehung der Dynamischen Programmierung mit

$$K_s^{min}(M) = \min_{0 \leq M_s \leq M} \{ K_{s-1}^{min}(M-M_s) + K_{is}^{min}[M_s(t_i)] \} .$$

Ergibt diese Optimierung in Abhängigkeit bestimmter verfahrenskritischer Produktionen folgendes kostenminimale Anpassungsverhalten:

1. Einsatz von Anlage 1 für Produktmengen $M \in [M^{min}, M^{G1}]$, mit $M_1^{min} \leq M_2^{min}$ und $M_1^{min} \leq M \leq M_1^{max}$,

2. Einsatz von Anlage 2 für Produktmengen $M \in [M^{G1}, M^{G2}]$, mit $M_2^{min} \leq M \leq M_2^{max}$,

3. Einsatz von beiden Anlagen für Produktmengen $M \in [M^{G2}, M^{max}]$,

läßt sich ein kostenminimaler Anlageneinsatz exemplarisch mit den Abbildungen 47 und 48 veranschaulichen.

---

49 Vgl. dazu Abschnitt 5.422.

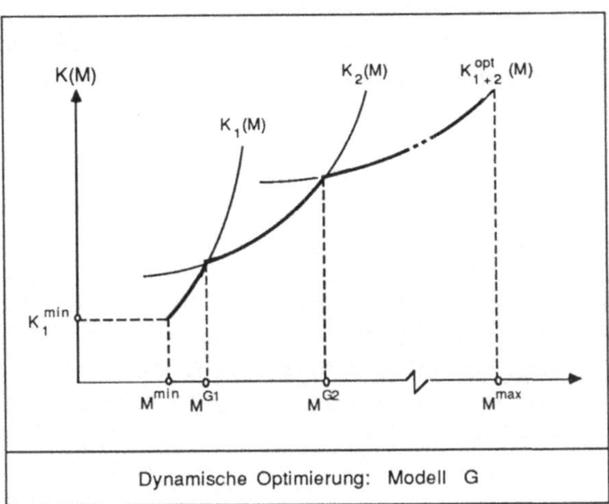

Dynamische Optimierung: Modell G

Abbildung 47

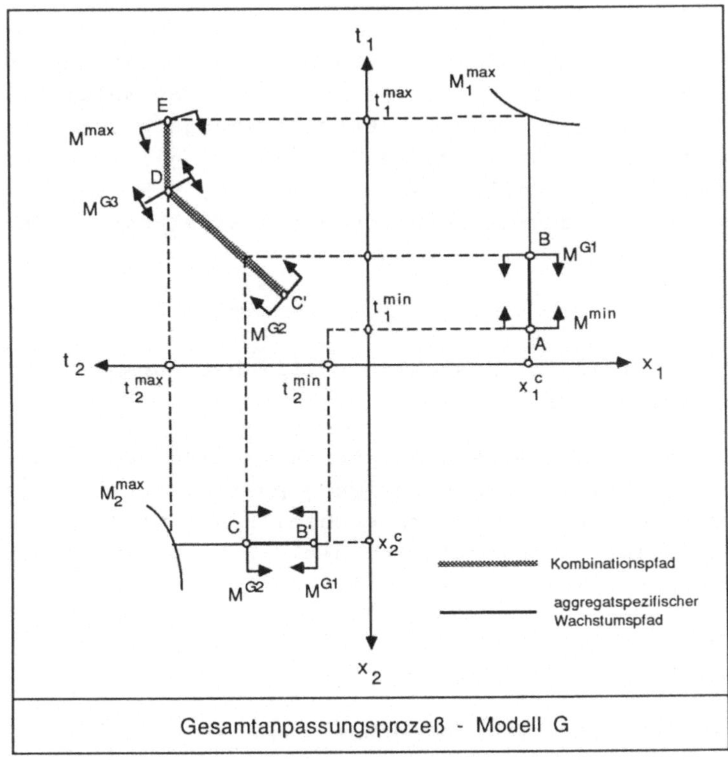

Gesamtanpassungsprozeß - Modell G

Abbildung 48

Realisierbare Ausbringungsmengen $M \leq M^{G1}$ werden ausschließlich auf Anlage 1 gefertigt, wobei das Aggregat infolge der Nebenbedingungen lediglich zeitlich angepaßt werden kann (Strecke AB).

Soll die Produktion über M^{G1} hinaus ausgedehnt werden, erfolgt bis zur Fertigungsmenge M^{G2} eine zeitliche Anpassung lediglich des zweiten Aggregats (Stecke B'C).

Eine simultane zeitliche Anpassung beider Produktionsanlagen entlang dem aus Modell C bekannten Minimalkostenpfad (Strecke C'D) ergibt sich für Ausbringungsmengen $M \in [M^{G2}, M^{G3}]$, wobei Aggregat 2 auch seine Maximalkapazität M_2^{max} erreicht.

Aufgrund der beim Einsatz von beiden Aggregaten modifizierten Mengenbedingung ist damit zunächst eine Reduzierung der betrieblichen Einsatzzeit t_2 verbunden, da für $M=M^{G2}$ eine geringere aggregatspezifische Produktion M_2 gefertigt wird.

Über eine Gesamtproduktion von M^{G3} hinaus ist nur noch eine weitergehende zeitliche Anpassung von Anlage 1 möglich, bis auch dort die Beschäftigungsobergrenze M_1^{max} erreicht ist (Strecke DE). Für M_2 gilt während des gesamten 3. Teilprozesses $M_2=M_2^{max}$, d.h. auf Aggregat 2 wird grundsätzlich die Maximalproduktion erstellt.

5.443 Spezialfall: Ausschluß zeitlicher Anpassung (Modell H)

Der optimale Anlageneinsatz bei Ausschluß zeitlicher Anpassung unter Berücksichtigung positiver Leistungsgraduntergrenzen läßt sich ebenfalls nur mit Hilfe eines Gesamtkostenvergleichs herleiten, da auch hier sprungfixe Kosten - $K_i(x_i^{min})$ - auftreten.

Die Rekursionsformel der Dynamischen Programmierung ergibt sich für diesen Fall als

$$K_s^{min}(M) = \min_{0 \leq M_s \leq M} \{ K_{s-1}^{min}(M-M_s) + K_{is}^{min}[M_s(x_i)] \},$$

wobei für die Produktionskosten gilt,

$$K(\underline{x}) = \sum_{i=1}^{2} [a_i t_i \cdot x_i^3 - b_i t_i \cdot x_i^2 + (c_i t_i + e_i t_i^2) \cdot x_i],$$

mit:

$t_i = t_i^{min} = t_i^{max} = t_i^c$,

$x_i^{min} \leq x_i \leq x_i^{max}$,

d.h. als Polynom 3. Grades zeigen die aggregatspezifischen Kostenfunktionen den typisch S-förmigen Kurvenverlauf einer intensitätsmäßiger Anpassung der Anlagen.

Der kostenminimale Aggregateinsatz soll für zwei Produktionsanlagen ebenfalls exemplarisch diskutiert werden.

Die Modellbetrachtung setzt dabei voraus, daß das Verfahren der Dynamischen Programmierung den folgenden kostenminimalen Anlageneinsatz vorgibt:

1. Einsatz von Anlage 1 für Produktmengen $M \in [M_1^{min}, M^{H1}]$,
2. Einsatz von Anlage 2 für Produktmengen $M \in [M^{H1}, M^{H2}]$ und
3. Einsatz von beiden Anlagen für Produktmenge $M \in [M^{H2}, M^{max}]$.

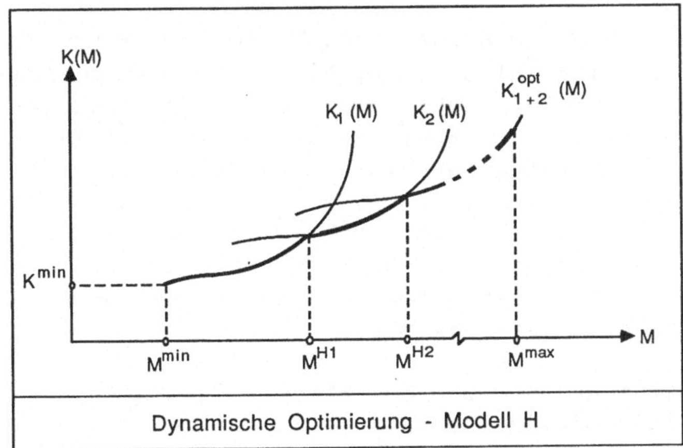

Abbildung 49

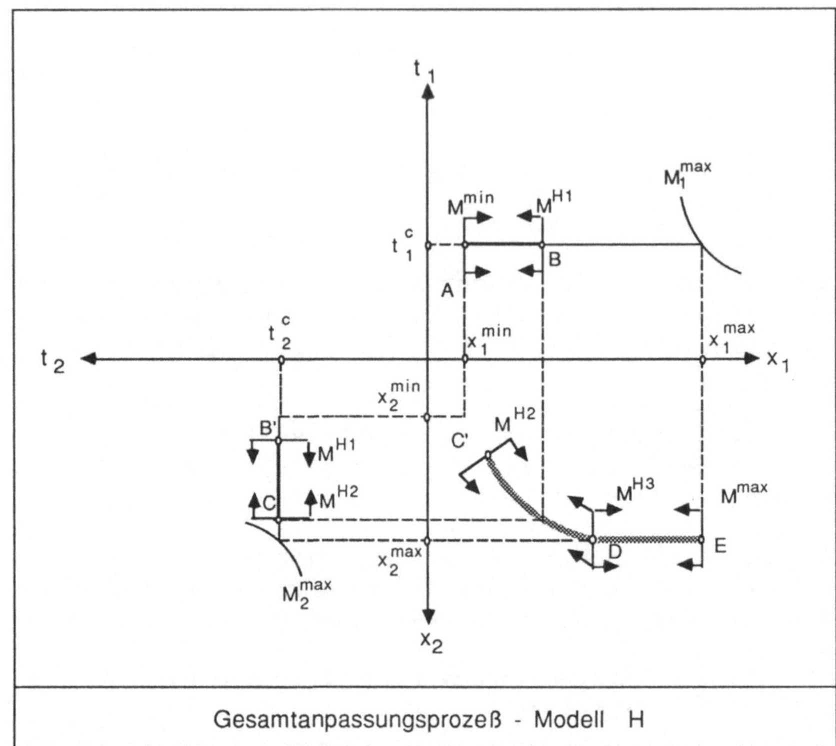

Gesamtanpassungsprozeß - Modell H

Abbildung 50

Die Abbildungen 49 und 50 veranschaulichen das Ergebnis der Dynamischen Programmierung sowie den daraus abgeleiteten Anpassungsvorgang.

Ausgehend von der Mindestproduktion $M^{min}=M_1^{min}$ wird ausschließlich Anlage 1 zur Produktion herangezogen und intensitätsmäßig angepaßt, bis beim Erreichen der verfahrenskritischen Ausbringungsmenge M^{H1} ein Aggregatwechsel kostengünstiger ist (Strecke AB).

Fertigungsmengen $M \in [M^{H1}, M^{H2}]$ werden erstellt, indem lediglich Aggregat 2 eingesetzt und durch Leistungsgradvariationen die erforderliche Produktion sichergestellt wird (Strecke B'C).

Für Ausbringungsmengen $M > M^{H2}$ erfolgt eine parallele intensitätsmäßige Anpassung beider Produktionsanlagen, wobei sich der Minimalkostenpfad (Strecke C'D) aus den Modellen D und E ergibt. Infolge der Zuschaltung der ersten Anlage wird auch hier eine Reduzierung des Parameters x_2 erforderlich.

Eine über M^{H3} hinausgehende Ausbringungsmenge kann nur gefertigt werden, falls auf Aggregat 2 die Maximalproduktion M_2^{max} realisiert und Aggregat 1 entsprechend intensitätsmäßig angepaßt wird, bis auch hier die aggregatspezifische Maximalproduktion M_1^{max} erreicht und eine weitere Produktionsausdehnung nicht mehr möglich ist.

In der Literatur[50] wird für die dieser Modellanalyse zugrundeliegende Prämissenkonstellation auch die Möglichkeit einer Kostenersparnis durch eine einmalige Intensitätsumstellung von x_1^{min} auf einen Leistungsgrad x_1^{sp} während des Produktionsprozesses (sog. Intensitätssplitting) diskutiert[51].

Für die aggregatspezifische Produktion gilt in diesem Fall die modifizierte Mengenbedingung

$$M_1 = x_1^{min} \cdot (t_1^c - t_1^{sp}) + x_1^{sp} \cdot t_1^{sp}.$$

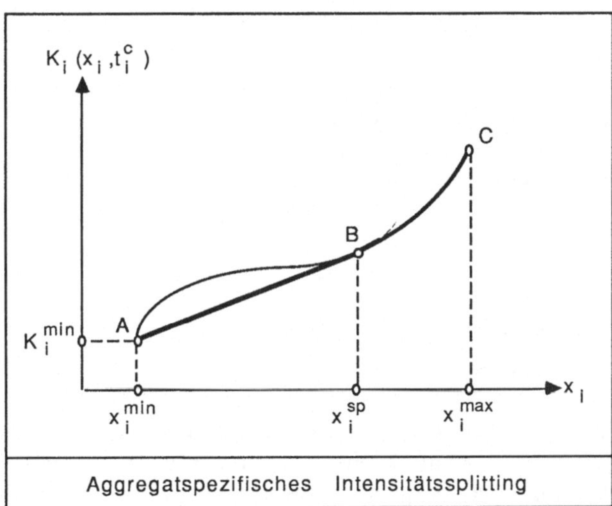

Aggregatspezifisches Intensitätssplitting

Abbildung 51

Abbildung 51 veranschaulicht diese Möglichkeit der Anpassung.

---

50 Vgl. Dellmann/Nastansky (Produktionsplanung) S. 239 ff.; Ellinger/Haupt (Produktionstheorie) S. 140.

51 Kosten der Intensitätsumstellung werden dabei im folgenden nicht weiter berücksichtigt. Vgl. dazu Dellmann/Nastansky (Produktionsplanung) S. 244 ff.

Im konkaven Bereich der aggregatspezifischen Kostenfunktion (Kurve AB) können hier durch ein Splitting zweier Intensitäten x_i^{min} und x_i^{sp} Kosteneinsparungen realisiert werden[52]. Für den konvexen Bereich (Kurve BC) ist eine derartige Intensitätsumstellung grundsätzlich kostenungünstiger[53].

Die optimale Splittingintensität x_i^{sp} sowie die zugehörige Splittingzeit t_i^{sp} bestimmt sich in Abhängigkeit von der vorgegebenen Produktion M_i aus dem Ansatz:

$$K_i^{spL}(x_i^{sp}, t_i^{sp}, \lambda_i^{sp})$$

$$= (a_i x_i^{min^3} - b_i x_i^{min^2} + c_i x_i^{min}) \cdot (t_i^c - t_i^{sp})$$

$$+ e_i x_i^{min} \cdot (t_i^c - t_i^{sp})^2$$

$$+ (a_i x_i^{sp^3} - b_i x_i^{sp^2} + c_i x_i^{sp}) \cdot t_i^{sp} + e_i x_i^{sp} \cdot t_i^{sp^2}$$

$$+ \lambda_i^{sp} \cdot [M - x_i^{min} \cdot (t_i^c - t_i^{sp}) - x_i^{sp} \cdot t_i^{sp}]$$

$$=>$$

$$\frac{\partial K_i^{spL}}{\partial x_i^{sp}} = \frac{\partial K_i^{spL}}{\partial t_i^{sp}} = \frac{\partial K_i^{spL}}{\partial \lambda_i^{sp}} = 0,$$

$$=>$$

$$x_i^{sp} = x_i^{sp}(M_i),$$

$$t_i^{sp} = t_i^{sp}(M_i).$$

Für den in der Literatur diskutierten zeitlinearen Fall ergibt sich aus dieser Formulierung für x_i^{sp} die bekannte Bedingung, daß die Grenzkosten bei intensitätsmäßiger Anpassung der durchschnittlichen Kostenänderung in Intervall $[x_i^{min}, x_i^{sp}]$ entspechen[54].

Aus dem oben hergeleiteten allgemeinen Gleichungssystem

---

52 Vgl. Dellmann/Nastansky (Produktionsplanung) S. 247 ff.; Ellinger/Haupt (Produktionstheorie) S. 140.

53 Vgl. Dellmann/Nastansky (Produktionsplanung) S. 250; Ellinger/Haupt (Produktionstheorie) S. 140.

54 Vgl. Adam (Anpassung) S. 384 f.; Adam (Produktionspolitik) S. 174 f. Zu dieser Bedingung siehe auch Punkt B in Abb. 51.

bestimmt sich x_i^{sp} dann in funktionaler Abhängigkeit von der Produktionszeit t_i^{sp}, d.h.

$$x_i^{sp} = x_i^{sp}(t_i^{sp}),$$

da die Beschäftigungszeit für den hier diskutierten Fall zeitvariabler Faktorkosten als Einflußgröße nicht - wie im zeitlinearen Modell - vollständig eliminiert werden kann.

Der Gesamtkostenvergleich kann anschließend, d.h. nach aggregatspezifischer Voroptimierung unter Berücksichtigung des Intensitätssplittings, mit Hilfe der Dynamischen Programmierung hergeleitet werden[55].

5.444 Spezialfall: Ausschluß intensitätsmäßiger und zeitlicher Anpassung (Modell I)

Der Ausschluß intensitätsmäßiger und zeitlicher Anpassung bedingt einen rein selektiven Anpassungsprozeß, der nur noch insoweit als simultan zu bezeichnen ist, als die Zuschaltung der Anlage i lediglich durch eine parallele Variation der aggregatspezifischen Parameter x_i und t_i von $t_i = x_i = 0$ auf $t_i^c = t_i^{min} = t_i^{max}$ und $x_i^c = x_i^{min} = x_i^{max}$ erfolgen kann.

Dieses triviale Planungsproblem wird lediglich aus Gründen der Vollständigkeit kurz diskutiert, zumal es in der produktions- und kostentheoretischen Literatur beiläufig, jedoch hinreichend, beschrieben wurde[56].

Die feste Vorgabe der Anpassungsparameter "Leistungsgrad" und "Beschäftigungszeit" ermöglicht an jedem Aggregat i nur die Fertigung einer einzigen Ausbringungsmenge M_i^c[57], mit

$$M_i^c = x_i^c \cdot t_i^c \quad .$$

Die aggregatspezifische Kostenfunktion reduziert sich

55 Vgl. Adam (Anpassung) S. 397 ff.; Pack (Produktionsplanung) S. 67 ff.

56 Vgl. z.B. Ellinger/Haupt (Produktionstheorie) S. 143 f.; Busse v. Colbe/Laßmann (Betriebswirtschaftstheorie) S. 242; Heinen (Kostenlehre) S. 506 ff.; Krycha (Produktionswirtschaft) S. 241 ff.; Hoitsch (Produktionswirtschaft) S. 101 f.; Lücke (Kostentheorie) S. 118 ff.

57 Vgl. Ellinger/Haupt (Produktionstheorie) S. 143.

infolgedessen auf nur einen Kostenpunkt $K_i^c(M_i^c)$ - entartete Kostenfunktion -[58], für den gilt:

$$K_i^c(M_i^c) = K_i^{cG}(M_i^c) + K_i^{cKH}(M_i^c).$$

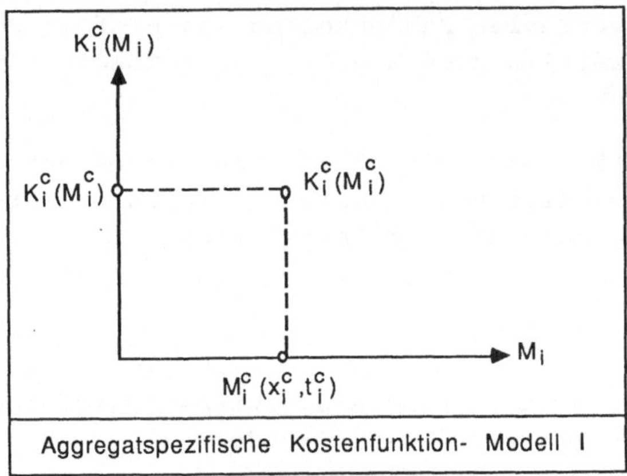

Aggregatspezifische Kostenfunktion- Modell I

Abbildung 52

Wird das Planungsproblem mit Hilfe der Dynamischen Programmierung gelöst, ergibt sich folgende einfache Rekursionsbeziehung:

$$K_s^{min}(M) = \min_{0 \leq M_{is}^c \leq M} \{ K_{s-1}^{min}(M-M_{is}^c) + K_{is}(M_{is}^c) \}.$$

Hierbei stellt die Größe M_{is}^c die in der s-ten Stufe der Optimierung eingeführte fixe Ausbringungsmenge M_i^c der Anlage i dar.

58 Vgl. Heinen (Kostenlehre) S. 510 f.; Pack (Elastitzität) S. 256 f.

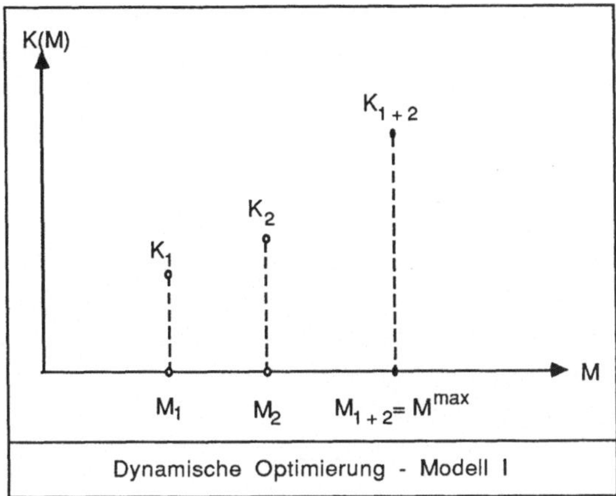

Dynamische Optimierung - Modell I

Abbildung 53

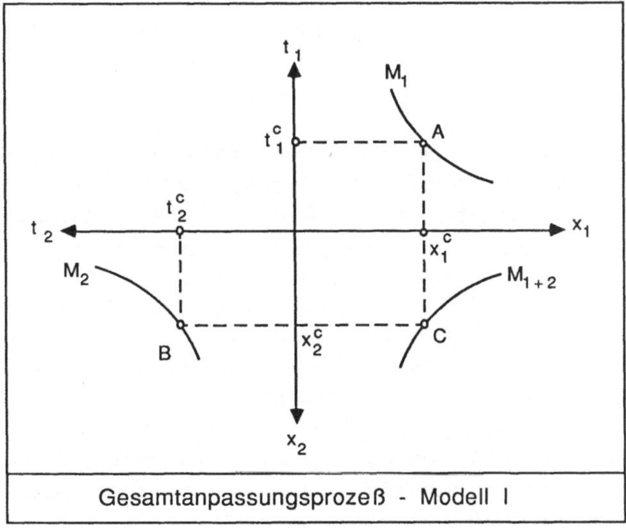

Gesamtanpassungsprozeß - Modell I

Abbildung 54

Eine Voroptimierung der aggregatspezifischen Kostenfunktionen entfällt infolge fehlender Freiheitsgrade der Produktion.

Die Abbildungen 53 und 54 zeigen exemplarisch einen Anpassungsvorgang zu dem oben formulierten Planungsproblem.

Ein kostenminimal expandierendes Unternehmen setzt die Anlagen in der Reihenfolge aufsteigender Kostensätze ein[59], d.h. in diesem Fall zuerst Aggregat 1 (Punkt A), dann Aggregat 2 (Punkt B) und zuletzt beide Aggregate (Punkt C).

Mit der Darstellung der rein selektiven Anpassung ist die Modellanalyse zur Simultananpassung grundsätzlich abgeschlossen. Der nachfolgende Abschnitt diskutiert einige grundlegende Ansätze zur Erweiterung der vorgestellten Anpassungsmodelle.

5.5 Erweiterungen der Modellanalyse zur Simultananpassung

5.51 Aggregatspezifisches "Prozeßsplitting"

Als erste Erweiterung der Modellanalyse soll das "aggregatspezifische Prozeßsplitting" diskutiert werden.

Unter der Anpassungsoption des "Prozeßsplittings" ist die Zulässigkeit einer Stillegung und die anschließende Wiederinbetriebnahme einer Produktionsanlage während eines Fertigungsprozesses zu verstehen.

Aufgrund der in der Literatur bisher vorausgesetzten linearen Kostenverläufe bei zeitlicher Anpassung eines Aggregatsystems kam eine solche Anpassungspolitik für diese Modelle nicht in Betracht.

Im folgenden soll gezeigt werden, daß eine derartig erweiterte Anpassungsstrategie für zeitvariable Kostenarten jedoch sinnvoll sein kann.

Bei U Schaltvorgängen für ein einzelnes Aggregatsystem (U=Anzahl der Splittingprozesse) gilt für die dort gefertigte Produktmenge

$$M_i = \sum_{u=1}^{U} M_{iu} ,$$

wobei M_{iu} die in einem Teilprozeß u erstellte Ausbringung (Prozeßsplittingmenge) darstellt.

59 Vgl. Jehle/Müller/Michael (Produktionswirtschaft) S. 118 f.

Wird davon ausgegangen, daß die aggregatspezifische Produktion proportional[60] auf die Splittingprozesse verteilt wird, folgt daraus für die Größe M_{iu}:

$$M_{iu} = M_i / U.$$

Ein derartiges Splitting kann grundsätzlich zu einer maximalen Kostenersparnis in Höhe der durch den Heißlauf verursachten zusätzlichen Kosten $K_i^{KH}(M_i)$ führen.

Die Vorteilhaftigkeit des Prozeßsplittings verdeutlicht Abbildung 55.

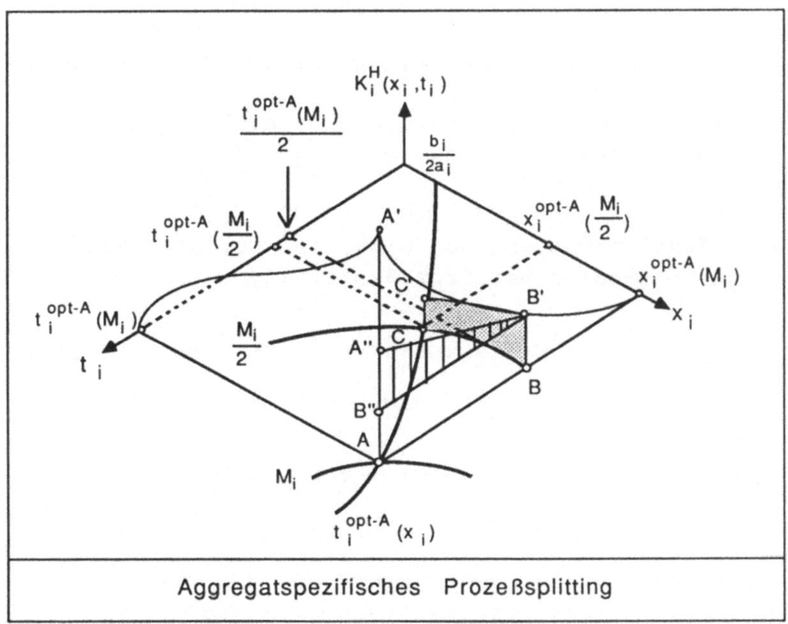

Aggregatspezifisches Prozeßsplitting

Abbildung 55

Im Grundmodell A wird eine Ausbringungsmenge M_i kostenminimal mit der Parameterkombination $x_i = x_i^{opt-A}(M_i)$ und $t_i = t_i^{opt-A}(M_i)$ realisiert, wobei Kosten in Höhe von $K_i^H(M_i)$ - Strecke AA' - anfallen.

60 Die Optimalität der proportionalen Aufteilung der Gesamtproduktion folgt für den stetigen Fall aus dem Grenzkostenpostulat.

Wird nun dieselbe Menge M_i durch zweimalige Produktion von $M_i/2$ gefertigt, wobei die betriebliche Einsatzzeit zunächst halbiert und der Leistungsgrad beibehalten wird, ergibt sich in Abb. 55 eine Kostenersparnis von B''A'', da gilt: AA'' = AA'/2.

Diese Produktion erfolgt jedoch noch nicht kostenminimal, da auch der Punkt C auf der Isoquante $M_i/2$ erreicht werden kann und dort Kosten in Höhe von CC' anfallen, denn infolge der Abweichung vom Minimalkostenpfad gilt: CC' ≤ BB'.

Bei zunächst einmaligem Splitting resultiert daraus ein Kostenvorteil von AA'- 2·CC'.

Für die alternativen Beschäftigungszeiten gilt dabei

$$t_i^{opt-A}(M_i) > t_i^{opt-A}(0{,}5 \cdot M_i) > 0{,}5 \cdot t_i^{opt-A}(M_i).$$

Da der gesamte Splittingvorgang grundsätzlich beliebig oft wiederholbar ist, sind weitere Kosteneinsparungen möglich.

Bei U Schaltungen ergeben sich die aggregatspezifischen Produktionskosten bei Prozeßsplitting - K_i^P - als[61]

$$K_i^P(M_i,U) = U \cdot [(a_i x_i^3 - b_i x_i^2 + c_i x_i) \cdot (M_i/(U \cdot x_i))] + U \cdot [e_i x_i \cdot (M_i/(U \cdot x_i))^2]$$

$$= (a_i x_i^3 - b_i x_i^2 + c_i x_i) \cdot (M_i/x_i) + (e_i/x_i) \cdot (M_i^2/U).$$

Für unendlich viele Schaltprozesse, d.h. für $U \to \infty$, bestimmen sich die Produktionskosten als

$$\lim_{U \to \infty} K_i^P(M_i,U) = (a_i x_i^3 - b_i x_i^2 + c_i x_i) \cdot (M_i/x_i),$$

61 In diesem Ansatz wurde - infolge der Mengenbedingung - t_i durch M_i/x_i substituiert. Damit sind die Produktionskosten über $x_i(M_i)$ letztlich wiederum von der aggregatspezifischen Produktion sowie der Anzahl U der Schaltungen abhängig.

denn für den von U abhängigen Ausdruck in der Korrekturkomponente gilt:

$$\lim_{U \to \infty} (M_i^2/U) = 0.$$

Bei U Schaltungen, mit U -> ∞, entfallen somit das Heißlaufphänomen und die dadurch induzierten zusätzlichen Produktionskosten, da letztlich unendlich oft unendlich kleine Produktionen realisiert werden, und es selbst bei "zeitlicher Anpassung" zu einem linearisierten Kostenverlauf kommt.

In diesem Fall ist die Kostenfunktion $K_i^P(M_i, U)$ somit identisch mit der zeitlinearen Grundkomponente $K_i^G(M_i)$, d.h. mit der Kostenfunktion auf der Grundlage des GUTENBERG-Modells.

Das oben dargestellte einfache Modell des Prozeßsplittings unterstellt dabei eine unendlich kleine "Erholzeit" des Aggregatsystems, wobei keine Stillegungskosten anfallen, sowie eine unendlich kleine "Anlaufzeit", wobei keine Anlaufkosten anfallen.

Derartige Voraussetzungen dürften jedoch in den meisten Planungssituationen nicht gegeben sein, so daß dieser Ansatz entsprechend zu erweitern ist.

Werden in dem einfachen Modell konstante Stillegungskosten k_{St} und Anlaufkosten k_{An} berücksichtigt, ergibt sich für das Prozeßsplitting die modifizierte Kostenfunktion

$$K_i^{Pm}(M_i, U) = K_i^P(M_i, U) + U \cdot (k_{St} + k_{An}).$$

Infolge der Modifikation gilt für U -> ∞ nunmehr:

$$\lim_{U \to \infty} K_i^{Pm}(M_i, U) = K_i^G(M_i) + \infty = \infty,$$

d.h. statt einer Minimierung erfolgt - ceteris paribus - durch das ad infinitum fortgeführte Prozeßsplitting eine Maximierung der Produktionskosten.

Die kostengünstigste Anzahl U^{opt} der Prozeßschaltungen, die es zu bestimmen gilt, läßt sich somit aus dem folgenden Ansatz herleiten:

$$\Delta K_1(M_1, U) = K_1^H(M_1) - K_1^{Pm}(M_1, U) \rightarrow \max .$$

Gesucht wird hier die Zahl U^{opt}, die die Differenz der Produktionskosten ohne und mit Prozeßsplitting, d.h die splittinginduzierten Kosteneinsparungen, maximiert.

Da der 1. Term - $K_1^H(M_1)$ - von U unabhängig ist, kann U^{opt} letztlich aus den notwendigen und hinreichenden Bedingungen

$$\frac{\partial K_1^{Pm}(M_1, U)}{\partial U} = 0$$

und

$$\frac{\partial^2 K_1^{Pm}(M_1, U)}{\partial U^2} > 0,$$

für lokale Extrema abgeleitet werden, d.h. das ursprüngliche Maximierungsproblem wird in ein entsprechendes Minimierungsproblem transformiert.

Die optimale Anzahl der Splittingprozesse ergibt sich daraus als

$$U^{opt} = \frac{\sqrt{(e_1)} \cdot M_1}{\sqrt{[x_1 \cdot (k_{An} + k_{St})]}} = U^{opt}(M_1),$$

wobei im Anhang 7 auch der Nachweis erbracht wird, daß die Größe $U^{opt}(M_1)$ tatsächlich ein Kostenminimum definiert.

Die kostenminimalen aggregatspezifischen Parameterwerte $x_1^{opt}(M_1)$ und $t_1^{opt}(M_1)$ ergeben sich nach Substitution von U durch $U^{opt}(M_1)$ in der Kostenfunktion $K_1^{Pm}(M_1)$ und anschließender Minimierung dieser - voroptimierten - modifizierten Prozeßsplittingfunktion, z.B. mit Hilfe des bekannten Lagrange-Verfahrens.

Für die in den einzelnen Splittingprozessen zu fertigende Ausbringungsmenge M_{1u} gilt dabei die

Nebenbedingung

$$M_{iu} = M_i / U^{opt}.$$

Im folgenden wird das aggregatspezifische Prozeßsplitting jetzt für den Fall sprungfixer Aggregatkosten bei Zuschaltung (Inbetriebnahme) einer Produktionsanlage hergeleitet, wobei diesen Ausführungen exemplarisch das im Abschnitt 5.442 dargestellte Modell G zugrundegelegt wird.

Diskutiert wird insbesondere die Frage der optimalen Aufteilung der Gesamtproduktion auf die einzelnen Splittingprozesse.

Der Ausschluß intensitätsmäßiger Anpassung sowie die Existenz einer Mindesteinsatzzeit $t_i^{min} > 0$ führt zu einer aggregatspezifischen Kostenfunktion, die mit Abb. 56 veranschaulicht werden kann.

Für diese modellspezifische Kostenfunktion $K_i^{GH}(M_i)$ sind die Fertigungskosten allgemein definiert als

$$K_i^{GH}(M_i) = o_i^{G'} \cdot M_i + o_i^{G''} \cdot M_i^2,$$

mit:

$$o_i^{G'} = a_i x_i^2 - b_i x_i + c_i,$$

$$o_i^{G''} = e_i / x_i,$$

$$x_i = x_i^c,$$

da die Produktion M_i als $M_i = x_i^c \cdot t_i$ vorgegeben ist und t_i entsprechend substituiert werden kann.

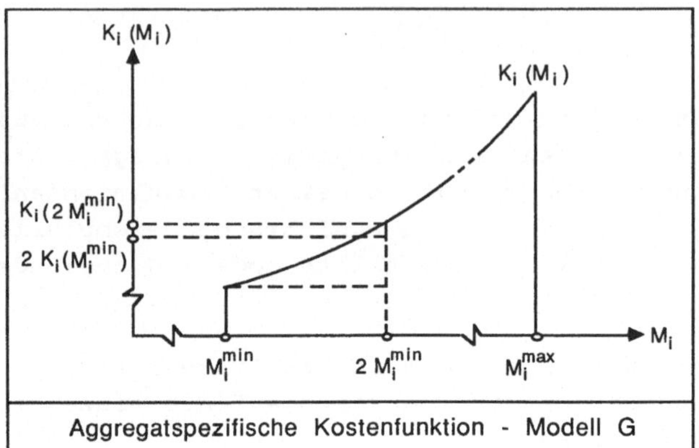

Aggregatspezifische Kostenfunktion - Modell G

Abbildung 56

Die Mindestsplittingmenge M_i^{Pmin} ist für jede Splittingperiode aufgrund der Nebenbedingung $t_i^{min}>0$ mit

$$M_i^{Pmin} = M_i^{min} = x_i^{c} \cdot t_i^{min}$$

definiert.

Für diskrete Produktmengen $M_i = U \cdot M_i^{min}$ zeigt der Ansatz

$$K_i(U \cdot M_i^{min}) > U \cdot K_i(M_i^{min})$$

$$\Leftrightarrow$$

$$U^2 \cdot (o_i^{G''} \cdot {M_i^{min}}^2) > U \cdot (o_i^{G''} \cdot {M_i^{min}}^2)$$

unmittelbar, daß ein Prozeßsplitting für diese - diskreten - Ausbringungsmengen in jedem Fall zu einer Kostenersparnis führt, denn diese Bedingung[62] ist grundsätzlich erfüllt[63].

Soll jedoch eine aggregatspezifische Produktion

$$M_i = U \cdot M_i^{min} + \Delta M_i \quad ,$$

mit:

$$0 \leq \Delta M_i \leq (M_i^{max} - M_i^{min})$$

62 Vgl. Anhang 8.
63 Vgl. dazu für U=2 auch Abbildung 56.

realisiert werden, d.h. sind jetzt auch "Zwischenproduktionen"[64] zu fertigen, so ist die zusätzliche Produktmenge ΔM_i kostenminimal auf die einzelnen Splittingprozesse zu verteilen.

Ein Kostenvergleich zwischen einer proportionalen und einer unproportionalen[65] Belastung der Splittingprozesse mit ΔM_i ergibt nun, daß eine proportionale Aufteilung der Zusatzproduktion am kostengünstigsten ist:

Die Bedingung

$$\sum_{u=1}^{U} K_i\,[M_i^{min}+(1/U)\cdot\Delta M_i] \leq \sum_{u=1}^{U} K_i\,[M_i^{min}+(w_u/U)\cdot\Delta M_i],$$

$$\text{mit: } \sum_{u=1}^{U} w_u = U,$$

führt zu dem Funktional[66]

$$\sum_{u=1}^{U} w_u^2 \geq U.$$

Damit ist die Funktion $Q(\underline{w}) = Q(w_1,\ldots,w_U)$ mit

$$Q(\underline{w}) = \sum_{u=1}^{U} w_u^2$$

unter der oben hergeleiteten Nebenbedingung

$$\sum_{u=1}^{U} w_u = U$$

zu diskutieren.

---

64 Mit diesem Begriff sind hier zwischen den oben definierten diskreten Produktmengen liegende Fertigungsmengen bezeichnet. Die "Zwischenproduktionen" sind damit deutlich von den "Zwischenprodukten" mehrstufiger Produktionsprozesse zu unterscheiden.

65 Die unproportionale Zuteilung beinhaltet dabei auch den Sonderfall der Belastung nur einer einzigen Splittingperiode, soweit dieses durch die Vorgabe der mengenmäßigen Gesamtproduktion zulässig ist.

66 Vgl. Anhang 9.

Die U+1 partiellen Ableitungen der Lagrange-Funktion

$$Q^L(\underline{w},\lambda^P) = \sum_{u=1}^{U} w_u^2 - \lambda^P \left(\sum_{u=1}^{U} w_u - U\right)$$

ergeben für w_u^{opt} die notwendigen Bedingungen

$$\frac{\partial Q^L(\underline{w},\lambda^P)}{\partial w_u} = 2w_u - \lambda^P = 0$$

und

$$\frac{\partial Q^L(\underline{w},\lambda^P)}{\partial \lambda^P} = \sum_{u=1}^{U} w_u - U = 0$$

eines lokalen Kostenminimums.

Die Auflösung der ersten U Gleichungen $\partial Q^L(\underline{w},\lambda^P)/\partial w_u$ bestimmt für jedes w_u^{opt}:

$$w_u^{opt} = \lambda^P/2 = \text{const.},$$

woraus für w_u^{opt} infolge der Nebenbedingung - $\partial Q^L(\underline{w},\lambda^P)/\partial\lambda^P$ - unmittelbar folgt:

$$w_u^{opt} = 1/U.$$

Eine hiervon abweichende unproportionale Belastung der einzelnen Splittingprozesse führt damit zu insgesamt höheren Produktionskosten.

Die aggregatspezifische Produktion M_{iu}^{opt} ist infolgedessen mit

$$M_{iu}^{opt} = U\cdot(M_i^{min} + \Delta M_i/U)$$

vorgegeben.

Diese Überlegungen gelten für andere Anpassungsmodelle ohne Ausschluß zeitlicher Anpassung entsprechend, da auch dort der typisch progressive Verlauf der heißlaufinduzierten aggregatspezifischen Kostenfunktionen bei zeitlicher Anpassung der Anlagen charakteristisch ist.

Der kostenminimale Einsatz mehrerer Produktionsanlagen

kann bei der Zulässigkeit eines Prozeßsplittings anschließend auf der Basis voroptimierter aggregatspezifischer Kostenfunktionen $K_i^{Popt}(M_i)$ diskutiert und hergeleitet werden.

Die Rekursionsbeziehung der Dynamischen Programmierung ist hierfür als

$$K_s^{Pmin}(M) = \min_{0 \leq M_s \leq M} \{ K_{s-1}^{Pmin}(M-M_s) + K_{is}^{Popt}(M_s) \}$$

zu formulieren.

5.52 Nichtstetige Leistungsgradvariation der Produktionsanlagen

Die möglichen Konsequenzen einer nichtstetigen Leistungsgradvariation für den kostenminimalen Einsatz einer Produktionsanlage sowie weitergehende Überlegungen zur Lösung dieses Planungsproblems veranschaulicht Abbildung 57.

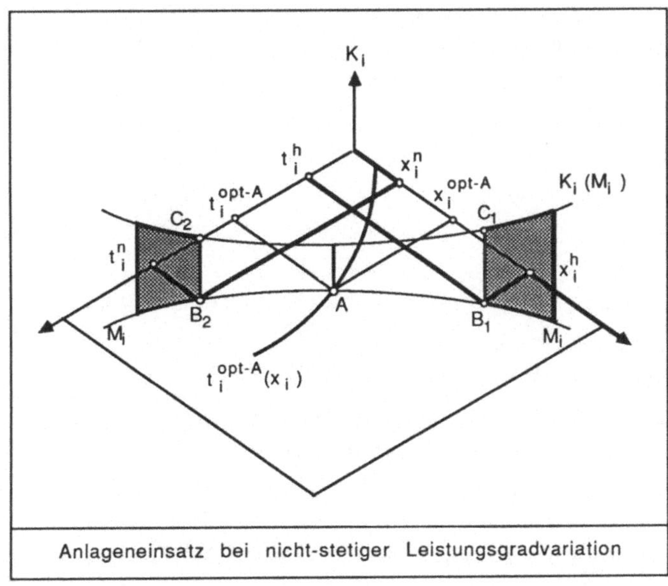

Anlageneinsatz bei nicht-stetiger Leistungsgradvariation

Abbildung 57

Soll die aggregatspezifische Ausbringung M_i gefertigt werden, so liefert das Ausgangsmodell A die kostenminimalen Lösungen $x_i=x_i^{opt-A}$ und $t_i=t_i^{opt-A}$ (Punkt A in Abb. 57), wobei diese Minimalkostenkombination infolge der nicht-stetigen Leistungsgradvariation und der damit verbundenen Definitionslücken der Kostenfunktion jedoch nicht immer realisiert werden kann. Die Intensität $x_i^{opt-A}(M_i)$ liegt in diesen Fällen außerhalb des zulässigen Definitionsbereichs[67].

Infolge der Kostensprünge bei intensitätsmäßiger Anpassung eines Aggregatsystems läßt sich der optimale Anlageneinsatz nur mit Hilfe eines Gesamtkostenvergleichs herleiten.

Der aus den oben diskutierten Modellen bekannte Ansatz der Dynamischen Optimierung kann dabei grundsätzlich vereinfacht werden, falls die Kostenfunktion $K_i(M_i)$ über der Isoquante M_i für Parameterwerte $x_i \leq x_i^{opt-A}$ streng monoton fällt und für $x_i \geq x_i^{opt-A}$ streng monoton steigt.

In diesem Fall genügt der Vergleich der Produktionskosten in den Punkten B_1 und B_2, d.h. für den aggregatspezifischen Gesamtkostenvergleich reduziert sich die Rekursionsbeziehung auf

$$K_i^{min}(M_i) = \min \{ K_i(x_i^n, t_i^n), K_i(x_i^h, t_i^h) \},$$

mit:

$x_i^n = x_i^n(M_i)$ = nächst niedrigerer definierter Leistungsgrad,

$t_i^n = M_i / x_i^n$,

$x_i^h = x_i^h(M_i)$ = nächst höherer definierter Leistungsgrad,

$t_i^h = M_i / x_i^h$.

Sind die Produktionskosten im Punkt B_1 (Strecke B_1C_1) niedriger als im Punkt B_2 (Strecke B_2C_2), wird die Kombination $x_i^{opt}=x_i^n$ und $t_i^{opt}=t_i^n$ der aggregatspezifischen Planungsgrößen realisiert. Im anderen Fall gilt $x_i^{opt}=x_i^h$ und $t_i^{opt}=t_i^h$.

67 In Abbildung 57 beschränkt sich der Bereich nicht definierter Leistungsgrade auf das Intervall $]x_i^n, x_i^h[$.

Um diesen vereinfachten Gesamtkostenvergleich anwenden zu können, ist zuvor der Monotoniebeweis der Kostenfunktion $K_i(x_i, t_i)$ über der Isoquante M_i zu führen.

Die aggregatspezifische Kostenfunktion über einer Isoquante M_i ergibt sich nach Substitution von t_i in Abhängigkeit von M_i und x_i als

$$K_i(M_i, x_i) = (a_i x_i^3 - b_i x_i^2 + c_i x_i) \cdot (M_i / x_i)$$
$$+ e_i x_i \cdot (M_i^2 / x_i^2)$$
$$= (a_i x_i^2 - b_i x_i + c_i) \cdot M_i + (e_i M_i^2) \cdot (1/x_i),$$

wobei die Isoquante M_i definitionsgemäß wiederum als parametrische Planungskonstante zu betrachten ist.

Zur Diskussion dieser Funktion werden die Ableitungen erster und zweiter Ordnung gebildet, mit

$$\frac{\partial K_i(M_i, x_i)}{\partial x_i} = (2a_i x_i - b_i) \cdot M_i - e_i M_i^2 \cdot (1/x_i^2)$$

und

$$\frac{\partial^2 K_i(M_i, x_i)}{\partial x_i^2} = 2a_i M_i + 2e_i M_i^2 \cdot (1/x_i^3).$$

Die notwendige Bedingung für ein relatives Kostenminimum über der Isoquante M_i ist infolgedessen als

$$(2a_i x_i - b_i) \cdot M_i - e_i M_i^2 \cdot (1/x_i^2) = 0$$

definiert, wobei für dieses Funktional als Polynom 3. Grades höchstens drei Nullstellen x_i^{01}, x_i^{02} und x_i^{03} vorliegen können.

Da sich für die hinreichende Bedingung aufgrund ihrer Einflußgrößen – $a_i, e_i, M_i, x_i > 0$ – in jedem Fall ein Ausdruck

$$2a_i M_i + 2e_i M_i^2 \cdot (1/x_i^3) > 0$$

ergibt, ist für die somit streng konvexe Funktion[68] $K_i(M_i, x_i)$ folgende Aussage möglich:

68 Vgl. Bronstein/Semendjajew (Mathematik) S. 270 f.

1. drei reellwertige Lösungen führen zu einem einzigen Kostenminimum der Kostenfunktion, wobei für x_i^{opt} gilt

$$x_i^{opt} = x_i^{01} = x_i^{02} = x_i^{03},$$

d.h. in diesem Fall liegt eine Identität der drei Nullstellen vor, oder

2. es existiert lediglich eine einzige reellwertige kostenminimale Lösung

$$x_i^{opt} = x_i^{01},$$

mit:

$$x_i^{01} \in R^+,$$

wobei sich die verbleibenden Nullstellen x_i^{02} und x_i^{03} als konjugiert komplexe Lösungen[69] des Funktionals ergeben und für das ökonomische Planungsproblem nicht weiter von Bedeutung sind.

Da für das hier zu diskutierende Anpassungsproblem mehrerer kostenverschiedener Produktionsanlagen der zweite Fall einer einzigen reelwertigen Nullstelle vorliegt, sei dieser Zusammenhang weitergehend veranschaulicht.

Eine Isoquante $M_i = x_i \cdot t_i$ verläuft im x_i/t_i-Koordinatensystem zum einen asymptotisch zur x_i-Achse (für $t_i \to 0$ gilt $x_i \to \infty$) und zum anderen asymptotisch zur t_i-Achse (für $x_i \to 0$ gilt $t_i \to \infty$), wobei jeweils die Produktionskosten

$$\lim_{x \to \infty} K_i(M_i, x_i) = \lim_{x \to \infty} K_i^G(M_i, x_i) + 0 = \infty$$

$$\lim_{x \to 0} K_i(M_i, x_i) = \lim_{x \to 0} K_i^{KH}(M_i, x_i) + 0 = \infty$$

realisiert werden.

---

69 Vgl. Bronstein/Semendjajew (Mathematik) S. 507 ff.

Infolgedessen kann die aggregatspezifische Kostenfunktion $K_i(M_i, x_i)$ in ihrem planungsrelevanten Definitionsbereich für $x_i \in]0, x_i^{01}[$ nur streng monoton fallend und für $x_i \in]x_i^{01}, \infty[$ nur streng monoton steigend verlaufen, denn in dem Leistungsgradintervall $]0, \infty[$ liegen für x_i - neben der Optimallösung $x_i^{opt} = x_i^{01}$ - keine weiteren extremwertverdächtigen Intensitäten[70].

Damit ist nachgewiesen, daß ein Kostenvergleich zu einer im Modell nicht definierten Lösung $t_i^{opt-A}(M_i)$ und $x_i^{opt-A}(M_i)$ benachbarter x_i/t_i-Kombinationen auf der Isoquante hinreichend zur Bestimmung des gesuchten aggregatspezifischen Kostenminimums ist. Voraussetzung ist dabei lediglich die Kenntnis der Minimalkostenkombination $x_i^{opt-A}(M_i)$ und $t_i^{opt-A}(M_i)$.

Der Gesamtkostenvergleich zur Ermittlung des Gesamtkostenminimums mit Hilfe der Dynamischen Programmierung kann aufbauend auf den oben gewonnenen Erkenntnissen im folgenden vereinfacht werden, denn nun sind für jede Produktionsanlage auf jeder Optimierungsstufe genau zwei planungsrelevante Zustände zu vergleichen.

Die modifizierte Rekursionsbeziehung ergibt sich daraus für mehrere Produktionsanlagen als

$$K_s^{min}(M)$$

$$= \min_{0 \leq M_s \leq M} \{ K_s^{min}(M-M_s) + \min_{M_s} \{K_{is}^{min}(M_{is})\} \}$$

$$= \min_{0 \leq M_s \leq M} \{ K_s^{min}(M-M_s) + \min_{M_s} \{K_{is}(x_i^n, t_i^n), K_{is}(x_i^h, t_i^h)\} \}$$

mit:

$$K_{is}^{min}(M_{is}) = \min \{K_{is}[M_{is}(x_i^n, t_i^n)], K_{is}[M_{is}(x_i^h, t_i^h])\}.$$

Dieser Optimierungsalgorithmus verknüpft über die aggregatspezifische Voroptimierung das Ausgangsmodell A mit einem Ansatz der Dynamischen Programmierung und kann damit für mehrere Aggregatsysteme eine erhebliche Reduktion notwendiger Kostenvergleiche bewirken.

---

70 Zur Veranschaulichung dieser Zusammenhänge ist eine Kostenfunktion über einer Isoquante zu dem numerischen Beispiel im Anhang 1 dargestellt.

5.53 Unterschiedliche aggregatspezifische Prämissenkonstellationen

Die bisher betrachteten Modelle der Simultananpassung unterstellen grundsätzlich identische Planungsrestriktionen der einzelnen Produktionsanlagen.

Der Aspekt unterschiedlicher aggregatspezifischer Prämissenkonstellationen soll nachfolgend exemplarisch für den Fall planungsrelevanter Zeitrestriktionen der ersten Produktionsanlage sowie Intensitätsresriktionen der zweiten Anlage diskutiert werden, d.h.

$$t_1^{min} \leq t_1 \leq t_1^{max}$$

und

$$x_2^{min} \leq x_2 \leq x_2^{max}.$$

Für die Mindestproduktion $M=M_1^{min}=M^{min}$ bei Produktionsbeginn soll ferner gelten:

$$\frac{\partial K_1(x_1, t_1^{min})}{\partial x_1} \cdot \frac{\partial x_1}{\partial M^{min}} < \frac{\partial K_2(x_2^{min}, t_2)}{\partial t_2} \cdot \frac{\partial t_2}{\partial M^{min}},$$

d.h. bei intensitätsmäßiger Anpassung des ersten Aggregatsystems wird ein zunächst niedrigeres Grenzkostenniveau realisiert als bei zeitlicher Anpassung der zweiten Produktionsanlage.

In Abhängigkeit von bestimmten verfahrenskritischen Produktionen M^k (Indifferenzmengen) kann der Gesamtanpassungsprozeß erneut in mehrere Teilanpassungsprozesse zerlegt werden.

Für Produktmengen im Beschäftigungsintervall $[0, M^{k1}]$ wird aufgrund des günstigeren Grenzkostenniveaus ausschließlich Aggregat 1 eingesetzt und infolge der Mengenbedingung nur intensitätsmäßig angepaßt.

Der Leistungsgrad dieser Produktionsanlage bestimmt sich damit aus dem Ansatz

$$x_1^{opt(1)}(M) = \frac{M}{t_1^{min}}.$$

Bei der verfahrenkritischen Ausbringungsmenge M^{k1} erreichen die Grenzkosten der Anlage 1 das Grenzkostenniveau der Inbetriebnahme des 2. Aggregatsystems; eine Simultananpassung des ersten Anlage vor der Zuschaltung des zweiten Systems ist infolgedessen ausgeschlossen[71].

Für beide Produktionsanlagen erfolgt für $M \quad [M^{k1}, M^{k2}]$ im 2. Teilprozeß eine Parallelanpassung, wobei sich die Minimalkostenfunktion der Planungsgrößen x_1 und t_2 aus der Grenzkostenbedingung

$$\frac{\partial K_1(x_1, t_1^{min})}{\partial x_1} \cdot \frac{\partial x_1}{\partial M} = \frac{\partial K_2(x_2^{min}, t_2)}{\partial t_2} \cdot \frac{\partial t_2}{\partial M}$$

<=>

$$3a_1 x_1^2 - 2b_1 x_1 + c_1 + e_1 t_1^{min} = a_2 {x_2^{min}}^2 - b_2 x_2^{min} + c_2 + 2e_2 t_2$$

als $t_2^{opt(2)}(x_1)$, mit

$$t_2^{opt(2)}(x_1)$$

$$= \frac{3a_1 x_1^2 - 2b_1 x_1 + c_1 + e_1 t_1^{min} - a_2 {x_2^{min}}^2 + b_2 x_2^{min} - c_2}{2e_2},$$

herleiten läßt.

Bei einer Gesamtproduktion von $M = M^{k2}$ ist anschließend eine aggregatspezifische Simultananpassung der ersten Anlage realisierbar, so daß sich für $M \quad [M^{k2}, M^{k3}]$ im 3. Teilprozeß die Minimalkostenkombinationen aus der modifizierten Definitionsgleichung der Grenzkostenbedingung

71 Im folgenden soll auch hier der relative "Vorsprung" des ersten Aggregatsystems erhalten bleiben.

$$5a_1x_1^2-2b_1x_1+c_1 = a_2x_2^{min^2}-b_2x_2^{min}+c_2+2e_2t_2$$

ergibt:

$$t_2^{opt(3)}(x_1) = \frac{5a_1x_1^2-2b_1x_1+c_1-a_2x_2^{min^2}+b_2x_2^{min}-c_2}{2e_2}.$$

Im 4. Teilprozeß wird für den Beschäftigungsbereich $[M^{k3}, M^{k4}]$ eine parallele Simultananpassung beider Aggregatsysteme realisiert, so daß für die Wachstumspfade der Planungsgrößen gilt:

$$t_1^{opt(4)}(x_1) = t_1^{opt-A}(x_1)$$

und

$$x_2^{opt(4)}(x_1) = x_2^{opt-A}(x_1).$$

Bei einer verfahrenskritischen Produktmenge M^{k4} erreicht Anlage 1 ihre Leistungsgradobergrenze.

Der 5. Teilprozeß ist infolgedessen durch eine Simultananpassung der 2. Produktionsanlage bei paralleler intensitätsmäßiger Anpassung des 1. Aggregatsystems charakterisiert. Die Beschäftigungszeit ist in diesem Produktmengenintervall durch die Mengenbedingung mit $t_1=t_1^{max}$ vorgegeben.

Die Kombinationsfunktion der Planungsgrößen x_1 und x_2 bestimmt sich dann aus der Grenzkostenbedingung

$$3a_1x_1^2-2b_1x_1+c_1+e_1t_1^{max} = 5a_2x_2^2-3b_2x_2+c_2$$

und ist identisch mit dem Expansionspfad dieser Parameter im 5. Teilprozeß des Modells D[72].

$$t_2^{opt(5)}(x_2) = t_2^{opt-A}(x_2)$$

$$x_1^{opt(5)}(x_2) = x_1^{opt-D(5)}(x_2)$$

---

72 Vgl. Abschnitt 5.431 sowie Anhang 5.

Eine Gesamtproduktion $M \geq M^{k5}$ kann, da Anlage 2 hier ihre Leistungsradobergrenze erreicht, nur durch eine simultane x_1/t_2-Anpassung realisiert werden, wobei für die übrigen Planungsgrößen folgt

$$t_1 = t_1^{max}$$

und

$$x_2 = x_2^{max}.$$

Der Minimalkostenpfad läßt sich infolgedessen in Entsprechung zum 2. Teilprozeß aus der Bedingung

$$3a_1x_1^2-2b_1x_1+c_1+e_1t_1^{max} = a_2x_2^{max^2}-b_2x_2^{max}+c_2+2e_2t_2$$

als

$$t_2^{opt(6)}(x_1) = \frac{3a_1x_1^2-2b_1x_1+c_1+e_1t_1^{max}-a_2x_2^{max^2}+b_2x_2^{max}-c_2}{2e_2}$$

herleiten.

Dieser Anpassungsvorgang der Produktionsanlagen endet, da keine weitere Nebenbedingung zu seinem Abbruch führt, sobald die vorgegebene Gesamtproduktion erreicht wird.

Den exemplarisch beschriebenen Anpassungsprozeß veranschaulicht Abbildung 58, wobei alle Wachstumspfade aus Gründen der graphischen Darstellung in der x_1/t_2-Ebene gezeigt werden.

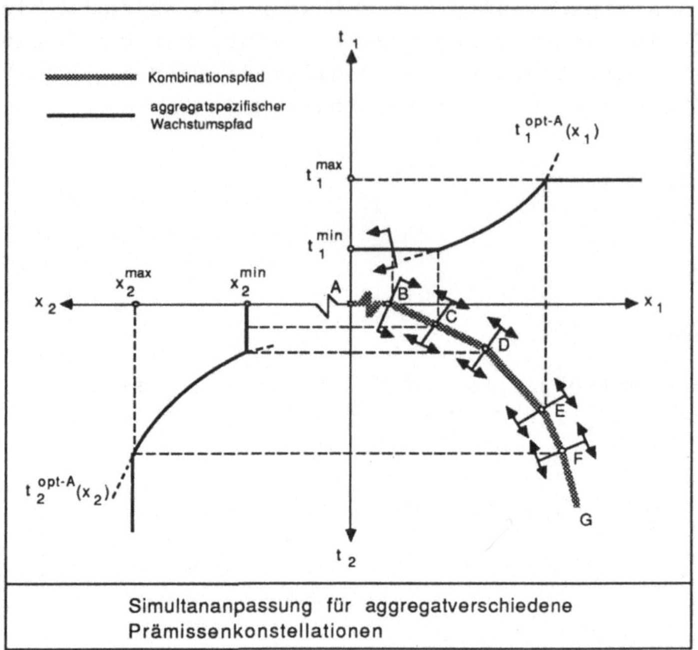

Simultananpassung für aggregatverschiedene Prämissenkonstellationen

Abbildung 58

Andere Prämissenkonstellationen erfordern entsprechend modifizierte Anpassungsstrategien.

Liegen die Voraussetzungen zur Anwendung der Marginalanalyse vor, können die Anpassungsvorgänge auch hier aus dem Grenzkostenpostulat abgeleitet werden. Für andere Modellannahmen sind zur Bestimmung der Minimalkostenkombinationen erweiterte Programmierungsansätze erforderlich.

5.54 Anzahl betriebsbereiter Produktionsanlagen

Werden nicht nur zwei, sondern I betriebsbereite Produktionsanlagen i (i=1,...,I) betrachtet, wird das Planungsproblem des Anlageneinsatzes grundsätzlich komplexer, ohne daß sich hieraus jedoch grundlegende neue Erkenntnisse ergeben.

Aus der erweiterten Lagrange-Funktion $K^L = K^L(\underline{x}, \underline{t}, \lambda)$ resultieren in diesem Fall 2I+1 partielle Ableitungen erster Ordnung und notwendige Bedingungen für lokale Kostenminima

$$\frac{\partial K^L}{\partial x_i} = 0,$$

$$\frac{\partial K^L}{\partial t_i} = 0,$$

und

$$\frac{\partial K^L}{\partial \lambda} = 0$$

sowie I Bestimmungsgleichungen

$$\frac{\partial K^L}{\partial x_i} \cdot \frac{1}{t_i} = \frac{\partial K^L}{\partial t_i} \cdot \frac{1}{x_i}$$

der aggregatspezifischen Minimalkostenpfade

$$t_i^{opt} = t_i^{opt-A}(x_i).$$

Durch Substitution von t_i durch $t_i^{opt-A}(x_i)$ erfolgt die Reduktion des 2I+1 Gleichungen umfassenden Gleichungssystems auf I+1 Unbekannte (Voroptimierung).

$$\frac{\partial K^L}{\partial x_i} [x_i, t_i^{opt-A}(x_i)] = 0$$

$$\frac{\partial K^L}{\partial t_i} [x_i, t_i^{opt-A}(x_i)] = 0$$

$$\frac{\partial K^L}{\partial \lambda} [x_i, t_i^{opt-A}(x_i)] = 0$$

Die Lösung dieses reduzierten Gleichungssystems ergibt die gesuchten I kostenminimalen Kombinationspfade der Produktionsanlagen, wobei wiederum deutlich wird, daß die einzelnen Aggregatsysteme im Optimalverhalten gleiche Grenzkosten λ aufweisen, d.h. das Grenzkostenpostulat hat hier ebenfalls Gültigkeit.

Die für jede Produktionsanlage gesuchte Minimalkostenkombination ihrer planungsrelevanten Parameter x_i und t_i läßt sich letztlich auch hier aus der Mengenbedingung der Produktion bestimmen, indem die Nullstelle des Funktionals $\partial K^L/\partial\lambda$ nach vollständiger Substitution von I-1 Anpassungsparametern berechnet wird:

$$M - x_1 \cdot t_1^{opt-A}(x_1) - x_2^{opt-A}(x_1) \cdot t_2^{opt-A}(x_2^{opt-A})$$

$$- \ldots - x_I^{opt-A}(x_{I-1}^{opt-A}) \cdot t_I^{opt-A}(x_I^{opt-A}) = 0$$

$$\Rightarrow$$

$$x_1^{opt-A} = x_1^{opt-A}(M)$$

$$t_1^{opt-A} = t_1^{opt-A}(x_1^{opt-A}) = t_1^{opt-A}(M)$$

$$\vdots$$

$$x_I^{opt-A} = x_I^{opt-A}(x_1^{opt-A}) = x_I^{opt-A}(M)$$

$$t_I^{opt-A} = t_I^{opt-A}(x_1^{opt-A}) = t_I^{opt-A}(M).$$

Die analytische Auflösung der Mengenbedingung ist in diesem komplexen Fall von Polynomen höherer Ordnung nicht mehr möglich. Numerische Lösungsalgorithmen[73] liefern jedoch hinreichend genaue Näherungslösungen für den kostenminimalen simultanen Anpassungsprozeß auch von I Aggregatsystemen.

73 Hierzu gehören z.B. das NEWTON-Verfahren, die Regula falsi und das GRAEFFE-Verfahren. Vgl. Bronstein/Semendjajew (Mathematik) S. 744 ff.

6. Zusammenfassung und Ausblick

Zum Abschluß der Arbeit sollen die wesentlichen Ergebnisse zusammenfassend dargestellt und ein Ausblick auf weitergehende Entwicklungen simultaner Aggregatanpassungen skizziert werden.

Das 1. Kapitel gibt eine kurze problemorientierte Einführung in das Thema und nimmt notwendige definitorische Abgrenzungen vor.

Hierbei wird deutlich, daß im Fall einer weiten Interpretation des Begriffs der Simultananpassung in den bekannten Modellen mehrerer Produktionssysteme auch auf der Grundlage des zeitlinearen GUTENBERG-Ansatzes schon partiell, d.h. für bestimmte Ausbringungsmengen, simultane Aggregatanpassungen erforderlich sind. Dieser "parallelen" Anpassung der Anlagen kam in der produktions- und kostentheoretischen Literatur jedoch bislang keine besondere Bedeutung zu.

Kapitel 2 diskutiert anschließend produktions- und kostentheoretische Grundlagen, soweit dies für das Verständnis der nachfolgenden Ausführungen erforderlich ist.

Ausgehend von dem allgemeinen betriebswirtschaftlichen Input-Output-Modell der Produktion wird zunächst die GUTENBERG-Produktionsfunktion für limitationale Faktoreinsatzbedingungen systematisch entwickelt. Darauf aufbauend werden die betrieblichen Möglichkeiten einer kurzfristigen Produktmengenanpassung hergeleitet, wobei auch die praktische Relevanz dieser Freiheitsgrade der Güterproduktion kurz dargestellt wird.

Da eine vollständige Erklärung des Kostenverlaufs eines Aggregatsystems nur bei expliziter Berücksichtigung der Produktionstheorie möglich ist, werden anschließend die den Anpassungsprozessen zugrundeliegenden Kostenfunktionen mit Rückgriff auf das GUTENBERG-Modell formal hergeleitet sowie deren Bezug zu dem allgemeinen Input-Output-Modell hergestellt.

Die Tatsache, daß simultane Aggregatanpassungen eine Konsequenz beschäftigungszeitvariabler Kostenarten sind, zeigt die Bedeutung dieser Kostenfunktionen für den optimalen Anlageneinsatz einer planenden Unternehmung.

Nachdem zuvor eine erforderliche Systematisierung der unterschiedlichen Modellansätze vorgenommen wurde, gibt das 3. Kapitel zunächst den Stand der Theorie kombinierter Aggregatanpassungen wieder.

Dabei beschränkt sich der Literaturüberblick auf die zentralen Arbeiten, in denen die modellspezifischen Prämissenkonstellationen erstmals umfassend erörtert und die daraus resultierenden Implikationen für das betriebliche Anpassungsverhalten dargestellt werden.

Die Literaturauswertung zeigt, daß Simultananpassungen für mehrere Produktionsanlagen bislang nicht diskutiert werden, und führt zu der modelltheoretischen Einordnung der vorliegenden Arbeit, die gerade diesen speziellen betriebswirtschaftlichen Planungsproblemen gewidmet ist.

Im Kapitel 4 wird, nach Darstellung der zeitlichen Gliederung eines Produktionsprozesses, zunächst ein kinetischer Ansatz zur wertmäßigen Erfassung zeitvariabler Faktorverbräuche (Kostenarten) vorgestellt, welcher der aus dem GUTENBERG-Ansatz resultierenden zeitlinearen Kostenfunktion eine beschäftigungszeitvariable Korrekturkomponente zuordnet. Diese erfaßt ausschließlich die erforderlichen - nichtlinearen - Korrekturen der Produktionskosten.

Hierbei wird deutlich, daß sich die traditionellen Kostenfunktionen auf der Grundlage der Produktionsfunktion vom Typ B als einfacher Sonderfall dieses Kostenmodells ergeben.

Im einzelnen sind die zeitvariablen Faktorkosten entweder die Konsequenz einer zunehmenden bzw. abnehmenden Ergiebigkeit bestimmter Repetierfaktoren (z.B. Energie, Kühlmittel, Schmierstoffe) oder sie folgen aus bestimmten Verbrauchshypothesen technischer Aggregatsysteme, die ihren Ausdruck in entsprechend modifizierten Maschinenstundensätzen finden, aus zeitvariablen Lohnsätzen als Entgelt für objektbezogene Arbeitsleistungen sowie einem beschäftigungszeitabhängigen Ausschußanteil.

Im Anschluß an die oben dargestellten Erklärungsansätze beschäftigungszeitvariabler Faktorkosten bildet das 5. Kapitel den eigentlichen Schwerpunkt der Arbeit.

Hier werden - in Abhängigkeit unterschiedlicher Freiheitsgrade der Produktion - mehrere produktions- und kostentheoretische Entscheidungsmodelle zur Simultananpassung von zunächst zwei Aggregatsystemen formuliert und entsprechende Handlungsempfehlungen zum kostenminimalen Anlageneinsatz entwickelt.

Die Modellanalyse zur Simultananpassung einer Einproduktunternehmung setzt dabei überproportional anwachsende Kostenverläufe der einzelnen Produktionsanlagen voraus, wobei die Beschränkung auf das "Heißlauf"-Phänomen angesichts der damit verbundenen Besonderheiten gerechtfertigt erscheint.

Nach einer Einführung in das theoretische Modell wird zunächst gezeigt, wie sich die aggregatspezifischen Minimalkostenpfade sowie der kombinative Expansionspfad der beiden Anlagen für den Fall höchstmöglicher Freiheitsgrade der Produktion analytisch herleiten lassen.

Hierbei kann auf das Lagrange-Verfahren zurückgegriffen werden, da die planungsrelevante Kostenfunktion über ihrem gesamten Definitionsbereich stetig und differenzierbar ist.

Als wichtigstes Ergebnis der Optimierung bleibt festzuhalten, daß für die einzelnen Produktionsanlagen im Optimalverhalten bei paralleler simultaner intensitätsmäßiger und zeitlicher Anpassung grundsätzlich ein identisches Grenzkostenniveau zu realisieren ist. Dieses Postulat gleicher Grenzkostensätze bildet zugleich die wesentliche Grundlage für die Herleitung der modifizierten Anpassungsstrategien anderer Prämissenkonstellationen.

Der für simultane Anpassungsprozesse typische Substitutionsprozeß einzelner Planungsgrößen entlang der berechneten Minimalkostenpfade kann dabei formal in einer "Grenzrate der Parametersubstitution" ausgedrückt werden.

Die infolge geringerer Freiheitsgrade modifizierten Simultanmodelle der Aggregatanpassung lassen sich analog zu dem Ausgangsmodell - in Abhängigkeit von bestimmten verfahrenskritischen Indifferenzmengen der Produktion - in einzelne charakteristische Teilprozesse zerlegen. Das Grenzkostenpostulat hat dabei weiterhin uneingeschränkte Gültigkeit, jedoch herrschen in den Teilprozessen der Fertigung insgesamt kostenungünstigere Produktionsbedingungen.

Treten infolge der erweiterten Nebenbedingungen sprungfixe Kosten bei der Inbetriebnahme eines Aggregatsystems auf, kann der Anpassungsprozeß nur mit Hilfe eines Gesamtkostenvergleichs hergeleitet werden.

Das aus der Literatur bekannte Modell des aggregatspezifischen Intensitätssplittings läßt sich für den Fall des Ausschlusses zeitlicher Anpassung, verbunden mit positiven Leistungsgraduntergrenzen, ebenfalls in den Planungsansatz integrieren. Hierbei ergeben sich die optimale Splittingintensität sowie die zugehörige Splittingzeit in Abhängigkeit von der geforderten Beschäftigung.

Erweiterungen der Modellanalyse führen anschließend zunächst zu dem heißlaufspezifischen "Prozeßsplitting".

Unter "Prozeßsplitting" ist dabei die Stillegung und anschließende Wiederinbetriebnahme einer Produktionsanlage zu verstehen, die - ohne Berücksichtigung von Schaltkosten - zu einer maximalen Einsparung in Höhe der durch den Heißlauf verursachten zusätzlichen Kosten führt. In diesem Fall erfolgt selbst bei "zeitlicher Anpassung" der einzelnen Anlagen eine Linearisierung der Produktionskosten.

Wird das Modell des "Prozeßsplittings" um Stillegungs- und Anlaufkosten erweitert, ist hierfür eine optimale Anzahl der Prozeßschaltungen in Abhängigkeit von der aggregatspezifischen Produktmenge zu bestimmen.

Darüberhinaus kann nachgewiesen werden, daß eine proportionale Aufteilung der Gesamtproduktion auf einzelne Teilperioden der Fertigung grundsätzlich zu einem Kostenminimum führt.

Für den Fall einer nichtstetigen Leistungsgradvariation kann die Anzahl der im Rahmen der Dynamischen Programmierung erforderlichen Kostenvergleiche reduziert werden, wenn die - definierte oder nicht definierte - Lösung des Modells der Simultananpassung in den Gesamtkostenvergleich integriert wird.

Aufgrund der strengen Konvexität der aggregatspezifischen Kostenfunktionen über einer Isoquante ist der Vergleich zulässiger benachbarter Lösungen hinreichend zur Bestimmung des aggregatspezifischen Kostenminimums.

Eine Integration unterschiedlicher aggregatspezifischer Modellannahmen in den Planungsansatz ist grundsätzlich unproblematisch. Sind die Anwendungsvoraussetzungen der Marginalanalyse gegeben, können die Anpassungsstrategien auch hier mit Hilfe der Grenzkostenfunktionen der Produktionsanlagen formuliert werden.

Wird die Modellanalyse auf mehrere Produktionsanlagen ausgedehnt, erfolgt die Herleitung der einzelnen Minimalkostenkombinationen durch numerische Näherungsverfahren, da eine analytische Auflösung der Nullstellen von Polynomen höherer Ordnung nicht mehr möglich ist.

Die von vielen Modellannahmen begleiteten Darstellungen simultaner Aggregatanpassungen zeigen, daß hier noch ein weites Feld für die Forschung des produktionsbezogenen Operations Researchs vorliegt.

Beispielhaft sei auf die grundsätzlichen Erweiterungen der Betrachtungen auf mehrstufige Produktionsprozesse sowie auf Mehrproduktunternehmungen hingewiesen.

Bei Zugrundelegung mehrstufiger Fertigungsprozesse ist insbesondere die Produktmengenabhängigkeit der Gesamtbedarfskoeffizienten von Bedeutung.

In diesem Fall wird ebenfalls die Linearhomogenität der Produktionskosten bezüglich der Beschäftigungszeit aufgehoben, falls die betriebliche Einsatzzeit explizit als Einflußgröße dieser Koeffizienten diskutiert wird.

Damit ist abschließend der Bezug zu dem allgemeinen Input-Output-Modell der Produktion als Ausgangspunkt aller Überlegungen hergestellt.

Ihre Legitimation erfährt die vorliegende Arbeit durch die grundlegenden Ausführungen zur simultanen Anpassung mehrerer Aggregatsysteme als ein Ergebnis produktions- und kostentheoretischer Planungsprobleme der Betriebswirtschaftslehre.

ANHANG

Anhang 1: Numerisches Beispiel zur Simultananpassung [Modell A]

Dem Beispiel zur Simultananpassung[1] werden die folgenden numerischen Ausgangsdaten der Produktionsanlagen zugrundegelegt:

$$K_1^H[x_1, \underline{z}_1(t_1), t_1] = (x_1^3 - 6x_1^2 + 13x_1) \cdot t_1 + x_1 \cdot t_1^2,$$

$$K_2^H[x_2, \underline{z}_2(t_2), t_2] = (x_2^3 - 8x_2^2 + 20x_2) \cdot t_2 + 2x_2 \cdot t_2^2.$$

Für die planende Unternehmung besteht nun das Optimierungsproblem, die aggregierte Kostenfunktion

$$K^H[\underline{x}, \underline{z}(\underline{t}), \underline{t}] = K_1[x_1, \underline{z}_1(t_1), t_1] + K_2[x_2, \underline{z}_2(t_2), t_2]$$

unter der vorgegebenen Nebenbedingung der Produktion

$$M = x_1 \cdot t_1 + x_2 \cdot t_2$$

zu minimieren.

Nach partieller Differenzierung der aus diesem Planungsproblem resultierenden Lagrange-Funktion

$$K^{HL}[\underline{x}, \underline{z}(\underline{t}), \underline{t}] = K^H[\underline{x}, \underline{z}(\underline{t}), \underline{t}] + \lambda \cdot (M - x_1 \cdot t_1 - x_2 \cdot t_2)$$

ergeben sich die folgenden fünf notwendigen Bedingungen für ein lokales Kostenminimum:

---

1 Vgl. auch Haupt/Knobloch (Anpassungsprozesse) S. 516 ff.

$$\frac{\partial K^{HL}[\underline{x},\underline{z}(\underline{t}),\underline{t}]}{\partial x_1} = (3x_1^2-12x_1+13)\cdot t_1 + t_1^2 - \lambda\cdot t_1 \overset{!}{=} 0,$$

$$\frac{\partial K^{HL}[\underline{x},\underline{z}(\underline{t}),\underline{t}]}{\partial t_1} = x_1^3-6x_1^2+13x_1 + 2x_1\cdot t_1 - \lambda\cdot x_1 \overset{!}{=} 0,$$

$$\frac{\partial K^{HL}[\underline{x},\underline{z}(\underline{t}),\underline{t}]}{\partial x_2} = (3x_2^2-16x_2+20)\cdot t_2 + 2t_2^2 - \lambda\cdot t_2 \overset{!}{=} 0,$$

$$\frac{\partial K^{HL}[\underline{x},\underline{z}(\underline{t}),\underline{t}]}{\partial t_2} = x_2^3-8x_2^2+20x_2 + 4x_2\cdot t_2 - \lambda\cdot x_2 \overset{!}{=} 0,$$

$$\frac{\partial K^{HL}[\underline{x},\underline{z}(\underline{t}),\underline{t}]}{\partial \lambda} = M - x_1\cdot t_1 - x_2\cdot t_2 \overset{!}{=} 0.$$

Nach der erforderlichen Umformung (Bestimmung der Grenzkostensätze) ergeben sich die Gleichungen zur Berechnung der aggregatspezifischen Minimalkostenpfade als

$$3x_1^2 - 12x_1 + 13 + t_1 = x_1^2 - 6x_1 + 13 + 2t_1$$

und

$$3x_2^2 - 16x_2 + 20 + 2t_2 = x_2^2 - 8x_2 + 20 + 4t_2 .$$

Aus der Auflösung dieser Definitionsgleichungen nach t_i (i=1,2) folgt anschließend für die Wachstumspfade $t_i^{opt}=t_i(x_i)$:

$$t_1^{opt}(x_1) = 2x_1^2 - 6x_1 ,$$

$$t_2^{opt}(x_2) = x_2^2 - 4x_2 .$$

Das Ergebnis dieser isolierten Voroptimierung läßt sich mit den Abbildungen 59 und 60 veranschaulichen .

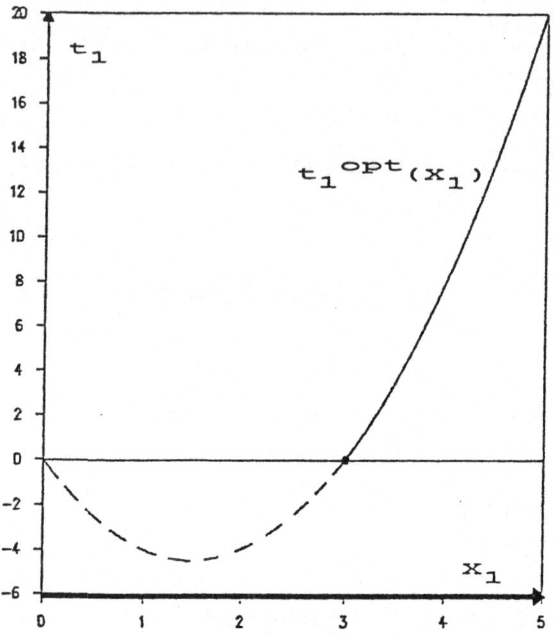

Abbildung 59: Voroptimierung - Anlage 1

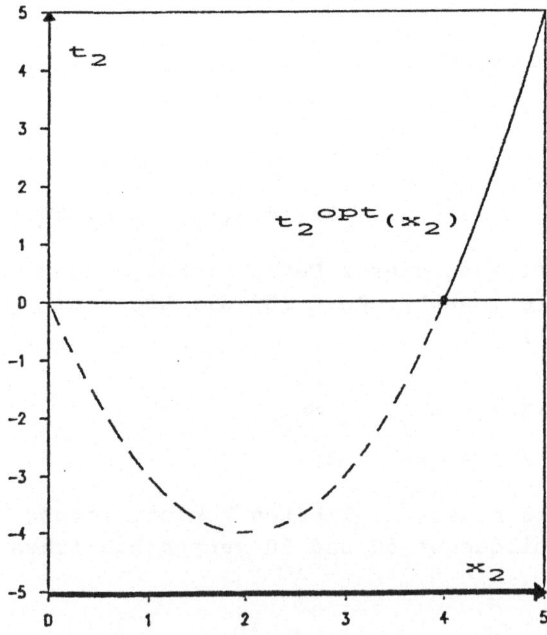

Abbildung 60: Voroptimierung - Anlage 2

Nach Abschluß der Voroptimierung wird der beide Anlagen kostenminimal kombinierende Expansionspfad durch Substitution von t_1 durch $t_1^{opt}(x_1)$ in den ersten partiellen Ableitungen der Lagrange-Funktion nach der Aggregatleistung bestimmt.

$$3x_1^2 - 12x_1 + 13 + 2x_1^2 - 6x_1 = \lambda$$

$$3x_2^2 - 16x_2 + 20 + 2x_2^2 - 8x_2 = \lambda$$

Die Auflösung dieses Gleichungssystems nach x_2 erbibt damit den gesuchten kombinativen Minimalkostenpfad der Produktionsanlagen.

$$5x_1^2 - 18x_1 + 13 = 5x_2^2 - 24x_2 + 20$$

$$\Leftrightarrow$$

$$5x_1^2 - 18x_1 - 7 - 5x_2^2 + 24x_2 = 0$$

$$\Rightarrow$$

$$x_2^{opt}(x_1) = \frac{\sqrt{100x_1^2 - 360x_1 + 436} + 24}{10}$$

Mit den oben hergeleiteten Minimalkostenpfaden $t_1^{opt}(x_1)$, $t_2^{opt}(x_2)$ und $x_2^{opt}(x_1)$ der Simultananpassung ist nun die kurzfristige Kostenpolitik der Unternehmung eindeutig bestimmt.

Für konkrete Ausbringungsmengen ergeben sich die einzelnen Parameterwerte aus der 5. notwendigen Bedingung

$$M - t_1^{opt}(x_1) \cdot x_1 - t_2^{opt}[x_2^{opt}(x_1)] \cdot x_2^{opt}(x_1) = 0,$$

indem die Nullstelle dieser Funktion bestimmt wird, und die Lösung $x_1^{opt}(M)$ die übrigen Größen rekursiv definiert.

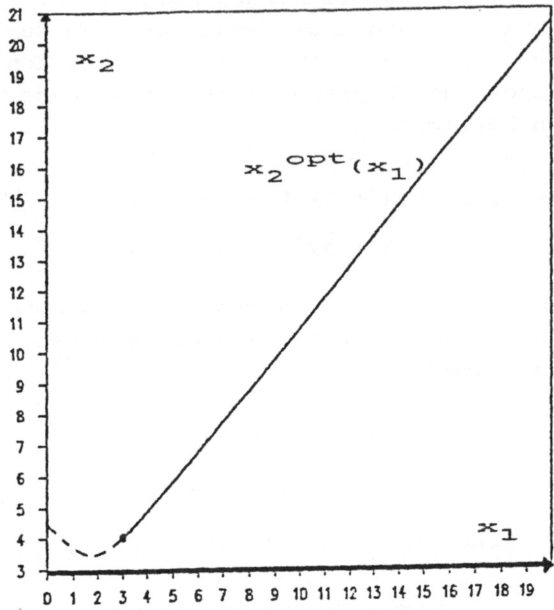

Abbildung 61: Kombinationsfunktion

Für alternative Gesamtproduktionen sollen die folgenden Parameterausprägungen diese Strategie der Simultananpassung veranschaulichen.

	M	x_1^{opt}	t_1^{opt}	x_2^{opt}	t_2^{opt}
	160	5,01	20,14	5,78	10,28
	170	5,08	21,13	5,84	10,79
	180	5,14	21,99	5,90	11,24
->	190	5,21	23,02	5,97	11,76
	200	5,27	23,92	6,03	12,22

Eine Gesamtproduktion von 190 ME wird kostenminimal gefertigt, wenn auf der Anlage 1 eine Intensität von 5,21 ME/ZE und auf Anlage 2 eine Intensität von 5,97 ME/ZE realisiert wird.

Diese Kombination der beiden Leistungsgrade läßt sich auch graphisch durch den Schnittpunkt der Isoquante der Gesamtproduktion mit dem Kombinationspfad $x_2^{opt}(x_1)$ der voroptimierten Produktionsanlagen bestimmen.

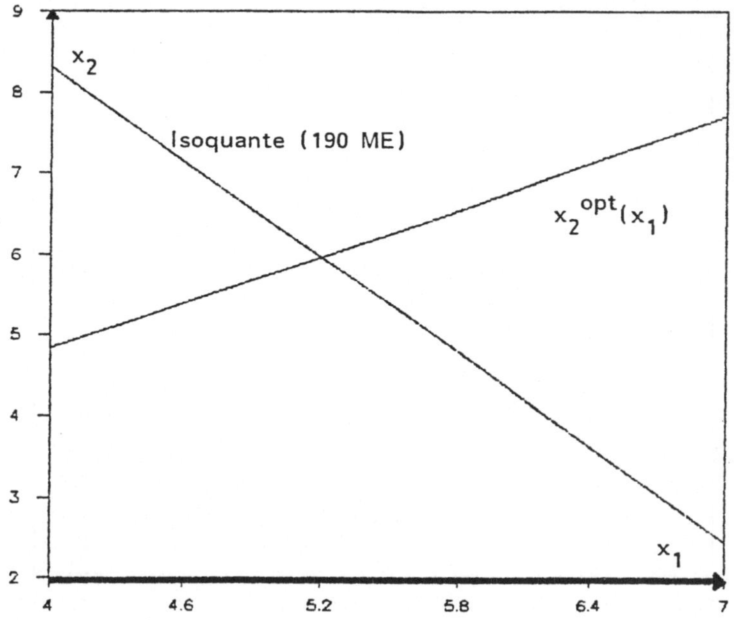

Abbildung 62: Kombinative Minimalkostenlösung

Diese Minimalkostenlösung erfordert damit die folgende optimale Produktionsaufteilung:

$M_1 \approx 120$ ME,

$M_2 \approx 70$ ME.

Die in der Tabelle genannten Parameterwerte t_1^{opt} und t_2^{opt} ergeben sich graphisch als Schnittpunkte der aggregatspezifischen Minimalkostenpfade mit den zugehörigen aggregatspezifischen Isoquanten, wie die Abbildungen 63 und 64 zeigen.

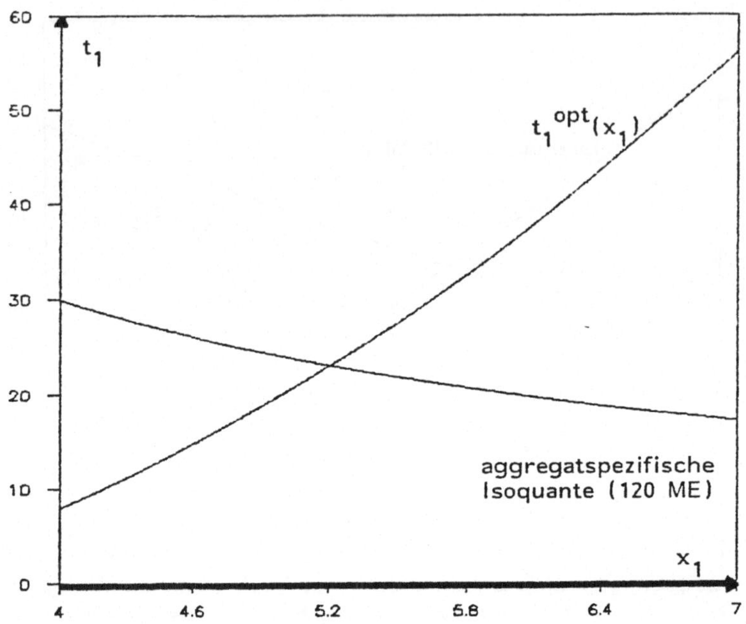

Abbildung 63: Minimalkostenkombination - Anlage 1

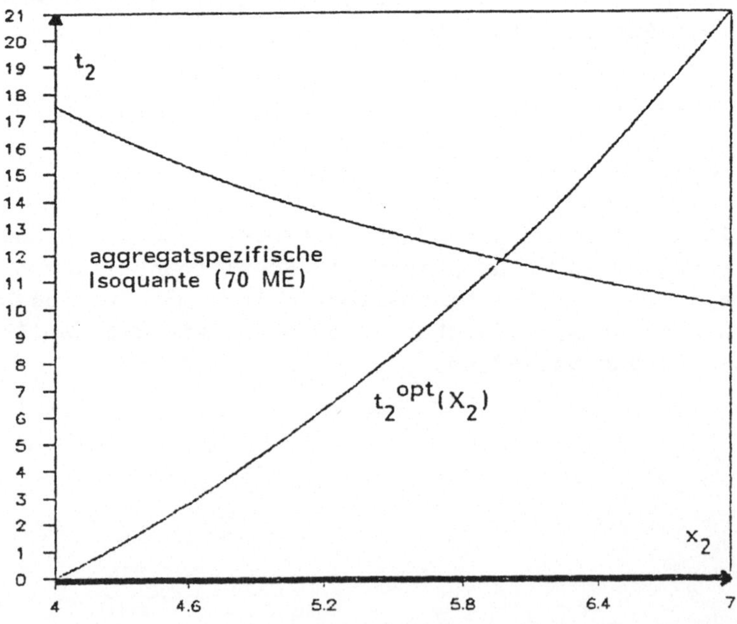

Abbildung 64: Minimalkostenkombination - Anlage 2

Die strenge Konvexität der aggregatspezifischen Kostenfunktion über einer Isoquante zeigt für Anlage 1 exemplarisch Abbildung 65.

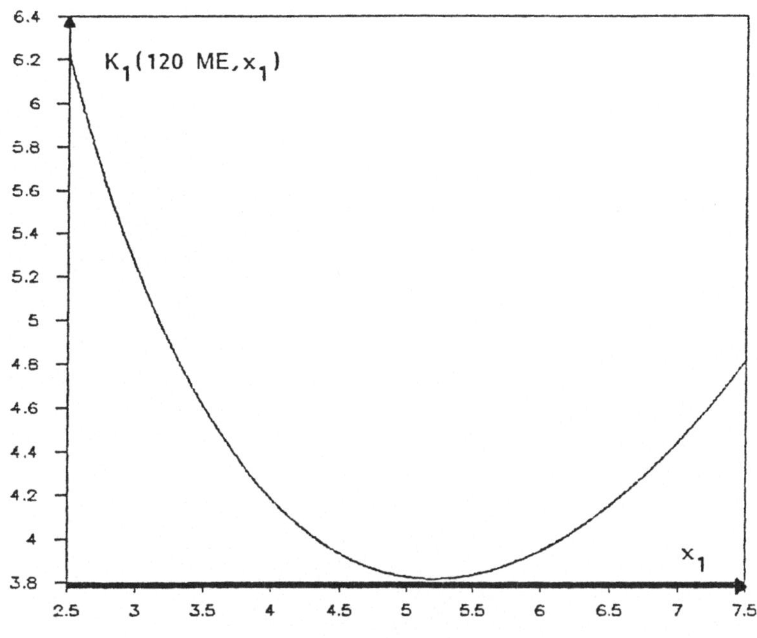

Abbildung 65:
Strenge Konvexität der Isoquanten-Kostenfunktion

Darüberhinaus veranschaulicht Abbildung 65 die Optimalität der zuvor berechneten aggregatspezifischen Lösung für eine Produktion von $M_1 \approx 120$ ME und zeigt damit, daß die hergeleiteten Parameterausprägungen tatsächlich ein Kostenminimun definieren.

Anhang 2: Herleitung der Kombinationsfunktion [Modell A]

```
REDUCE 3.3, 15-Jul-87 ...
% ***********************************;
% *    INTERAKTIVES REDUCE-PROGRAMM    *;
% *  ZUR BERECHNUNG VON NULLSTELLEN    *;
% *                                    *;
% *     SIMULTANANPASSUNG MODELL A     *;
% *          2. TEILPROZESS            *;
% ***********************************;
%;
%;
% GLEICHUNG FUER AGGREGAT 1:;
%;
G1:= 5*A1*X1**2-3*B1*X1+C1;

              2
G1 := 5*X1 *A1 - 3*X1*B1 + C1

%;
% GLEICHUNG FUER AGGREGAT 2:;
%;
G2:= 5*A2*X2**2-3*B2*X2+C2;

              2
G2 := 5*X2 *A2 - 3*X2*B2 + C2

%;
% FUNKTION DER NULLSTELLE;
%;
N:=G1-G2;

            2                     2
N := 5*X1 *A1 - 3*X1*B1 - 5*X2 *A2 + 3*X2*B2 - C2 + C1

%;
% NULLSTELLENBERECHNUNG;
SOLVE(N,X2);

                      2                                       2
äX2=(SQRT(100*X1 *A1*A2 - 60*X1*B1*A2 - 20*C2*A2 + 9*B2  + 20*A2*C1) + 3*B2)/(10*A2).

                        2                                       2
 X2= - (SQRT(100*X1 *A1*A2 - 60*X1*B1*A2 - 20*C2*A2 + 9*B2  + 20*A2*C1) - 3*B2)/(10*A2)ü

END;
Entering LISP...

TIME    6773MS,  VALUE IS ...
 NIL

*** END OF DATA
```

Anhang 3: Herleitung der Kombinationsfunktion des 2. Teilprozesses [Modell D]

```
% ***********************************;
% *    INTERAKTIVES REDUCE-PROGRAMM    *;
% *  ZUR BERECHNUNG VON NULLSTELLEN   *;
% *                                   *;
% *    SIMULTANANPASSUNG MODELL D     *;
% *          2. TEILPROZESS           *;
% ***********************************;
%;
%;
% GLEICHUNG FUER AGGREGAT 1:;
%;
G1:= 3*A1*X1**2-2*B1*X1+C1+E1*T1MIN;

             2
G1 := 3*X1  *A1 - 2*X1*B1 + T1MIN*E1 + C1

%;
% GLEICHUNG FUER AGGREGAT 2:;
%;
G2:= 3*A2*X2**2-2*B2*X2+C2+E2*T2MIN;

             2
G2 := 3*X2  *A2 - 2*X2*B2 + T2MIN*E2 + C2

%;
% FUNKTION DER NULLSTELLE;
%;
N:=G1-G2;

            2                      2
N := 3*X1  *A1 - 2*X1*B1 - 3*X2  *A2 + 2*X2*B2 - T2MIN*E2 - C2 + T1MIN*E1 + C1

%;
% NULLSTELLENBERECHNUNG;
SOLVE(N,X2);

                  2                                                    2
äX2=(SQRT(9*X1  *A1*A2 - 6*X1*B1*A2 - 3*T2MIN*E2*A2 - 3*C2*A2 + B2  + 3*A2*T1MIN*E1 + 3*A2*C1) + B2)/(3*A2

       ),

                     2                                                    2
 X2= - (SQRT(9*X1  *A1*A2 - 6*X1*B1*A2 - 3*T2MIN*E2*A2 - 3*C2*A2 + B2  + 3*A2*T1MIN*E1 + 3*A2*C1) - B2)/(3

       *A2)ü

END;
Entering LISP...

TIME    6910MS,  VALUE IS ...
 NIL

*** END OF DATA
```

Anhang 4: Herleitung der Kombinationsfunktion des 3. Teilprozesses [Modell D]

```
REDUCE 3.3, 15-Jul-87 ...
% ***********************************;
% *    INTERAKTIVES REDUCE-PROGRAMM   *;
% *  ZUR BERECHNUNG VON NULLSTELLEN   *;
% *                                   *;
% *     SIMULTANANPASSUNG MODELL D    *;
% *          3. TEILPROZESS           *;
% ***********************************;
%;
%;
% GLEICHUNG FUER AGGREGAT 1:;
%;
G1:= 5*A1*X1**2-3*B1*X1+C1;

           2
G1 := 5*X1 *A1 - 3*X1*B1 + C1

%;
% GLEICHUNG FUER AGGREGAT 2:;
%;
G2:= 3*A2*X2**2-2*B2*X2+C2+E2*T2MIN;

           2
G2 := 3*X2 *A2 - 2*X2*B2 + T2MIN*E2 + C2

%;
% FUNKTION DER NULLSTELLE;
%;
N:=G1-G2;

          2                 2
N := 5*X1 *A1 - 3*X1*B1 - 3*X2 *A2 + 2*X2*B2 - T2MIN*E2 - C2 + C1

%;
% NULLSTELLENBERECHNUNG;
SOLVE(N,X2);

                 2                                                   2
äX2=(SQRT(15*X1 *A1*A2 - 9*X1*B1*A2 - 3*T2MIN*E2*A2 - 3*C2*A2 + B2  + 3*A2*C1) + B2)/(3*A2),

                     2                                                   2
 X2= - (SQRT(15*X1 *A1*A2 - 9*X1*B1*A2 - 3*T2MIN*E2*A2 - 3*C2*A2 + B2  + 3*A2*C1) - B2)/(3*A2)ü

END;
Entering LISP...

TIME     6773MS,  VALUE IS ...
 NIL

*** END OF DATA
```

Anhang 5: Herleitung der Kombinationsfunktion des 5. Teilprozesses [Modell D]

```
REDUCE 3.3, 15-Jul-87 ...
% ***********************************;
% *    INTERAKTIVES REDUCE-PROGRAMM    *;
% *   ZUR BERECHNUNG VON NULLSTELLEN   *;
% *                                    *;
% *     SIMULTANANPASSUNG MODELL D     *;
% *           5. TEILPROZESS           *;
% ***********************************;
%;
%;
% GLEICHUNG FUER AGGREGAT 1:;
%;
G1:= 3*A1*X1**2-2*B1*X1+C1+E1*T1MAX;

              2
G1 := 3*X1 *A1 - 2*X1*B1 + T1MAX*E1 + C1

%;
% GLEICHUNG FUER AGGREGAT 2:;
%;
G2:= 5*A2*X2**2-3*B2*X2+C2;

              2
G2 := 5*X2 *A2 - 3*X2*B2 + C2

%;
% FUNKTION DER NULLSTELLE;
%;
N:=G1-G2;

            2                     2
N := 3*X1 *A1 - 2*X1*B1 - 5*X2 *A2 + 3*X2*B2 - C2 + T1MAX*E1 + C1

%;
% NULLSTELLENBERECHNUNG;
SOLVE(N,X1);

                    2                          2
äX1= - (SQRT(15*X2 *A1*A2 - 9*X2*A1*B2 + B1  + 3*A1*C2 - 3*A1*T1MAX*E1 - 3*A1*C1) - B1)/(3*A1),

                  2                          2
 X1=(SQRT(15*X2 *A1*A2 - 9*X2*A1*B2 + B1  + 3*A1*C2 - 3*A1*T1MAX*E1 - 3*A1*C1) + B1)/(3*A1)ü

END;
Entering LISP...

IME    6773MS,  VALUE IS ...
NIL

END OF DATA
```

Anhang 6: Herleitung der Kombinationsfunktion des 6. Teilprozesses [Modell D]

```
REDUCE 3.3, 15-Jul-87 ...
% **********************************;
% *    INTERAKTIVES REDUCE-PROGRAMM   *;
% *   ZUR BERECHNUNG VON NULLSTELLEN  *;
% *                                   *;
% *     SIMULTANANPASSUNG MODELL D    *;
% *          6. TEILPROZESS           *;
% **********************************;
%;
%;
% GLEICHUNG FUER AGGREGAT 1:;
%;
G1:= 3*A1*X1**2-2*B1*X1+C1+E1*T1MAX;

             2
G1 := 3*X1 *A1 - 2*X1*B1 + T1MAX*E1 + C1

%;
% GLEICHUNG FUER AGGREGAT 2:;
%;
G2:= 3*A2*X2**2-2*B2*X2+C2+E2*T2MAX;

             2
G2 := 3*X2 *A2 - 2*X2*B2 + T2MAX*E2 + C2

%;
% FUNKTION DER NULLSTELLE;
%;
N:=G1-G2;

           2                   2
N := 3*X1 *A1 - 2*X1*B1 - 3*X2 *A2 + 2*X2*B2 - T2MAX*E2 - C2 + T1MAX*E1 + C1

%;
% NULLSTELLENBERECHNUNG;
SOLVE(N,X2);

               2                                                  2
äX2=(SQRT(9*X1 *A1*A2 - 6*X1*B1*A2 - 3*T2MAX*E2*A2 - 3*C2*A2 + B2  + 3*A2*T1MAX*E1 + 3*A2*C1) + B2)/(3*A2

      ),

                  2                                                   2
 X2= - (SQRT(9*X1 *A1*A2 - 6*X1*B1*A2 - 3*T2MAX*E2*A2 - 3*C2*A2 + B2  + 3*A2*T1MAX*E1 + 3*A2*C1) - B2)/(3

      *A2)ü

END;
Entering LISP...

 TIME    6903MS,  VALUE IS ...
   NIL

*** END OF DATA
```

Anhang 7: Kostenminimales Prozeßsplitting

```
REDUCE 3.3, 15-Jul-87 ...
%*************************************;
%*     INTERAKTIVES REDUCE-PROGRAMM   *;
%*    ZUR BERECHNUNG DER OPTIMALEN    *;
%*           SPLITTINGZAHL            *;
%*************************************;
%;
%;
% KOSTENFUNKTION DER GRUNDKOMPONENTE;
%;
KG:=(A*X**2-B*X+C)*M;

              2
KG := M*(A*X  - B*X + C)

%;
% KOSTENFUNKTION DER KORREKTURKOMPONENTE;
%;
KK:=(E/X)*(M**2/U)+U*(KST+KAN);

             2    2           2
          E*M  + U *X*KAN + U *X*KST
KK := ----------------------------
                   U*X

%;
% KOSTENFUNKTION BEI PROZESSPLITTING;
%;
KP:=KG+KK;

                 3            2                  2    2           2
          A*M*U*X  - B*M*U*X  + C*M*U*X + E*M  + U *X*KAN + U *X*KST
KP := --------------------------------------------------------------
                                    U*X

%;
% 1. ABLEITUNG: D'KP/D'U;
%;
N:=DF(KP,U);

               2    2           2
            E*M  - U *X*KAN - U *X*KST
N :=   - ----------------------------
                       2
                      U *X

%;
% NULLSTELLE DER ABLEITUNG;
%;
SOLVE(N,U);

                 SQRT(E)*M
äU= - ---------------------,
        SQRT(X*KAN + X*KST)

             SQRT(E)*M
 U=---------------------ü
     SQRT(X*KAN + X*KST)

%;
% 2. ABLEITUNG D''KP/D'U;
%;
AA:=DF(N,U);

             2
        2*E*M
AA := --------
          3
         U *X

END;
Entering LISP...

TIME    6753MS, VALUE IS ...
  NIL

*** END OF DATA
```

Anhang 8: Prozeßsplitting - Beweis 1

$$K_i^{GH}(U \cdot M_i) > U \cdot K_i^{GH}(M_i)$$

<=>

$$o_i^{G'} \cdot (U \cdot M_i) + o_i^{G''} \cdot (U \cdot M_i)^2 > U \cdot (o_i^{G'} \cdot M_i + o_i^{G''} \cdot M_i^2)$$

<=>

$$U^2 \cdot (o_i^{G''} \cdot M_i^2) > U \cdot (o_i^{G''} \cdot M_i^2).$$

Diese Bedingung ist für $U, o_i^{G'}, o_i^{G''}, M_i > 0$ immer erfüllt.

Anhang 9: Prozeßsplitting - Beweis 2

$$\sum_{u=1}^{U} K(M + 1/U \, \Delta M) \leq \sum_{u=1}^{U} K(M + \frac{w_u}{U} \, \Delta M) \qquad \left[\text{mit} \sum_{u=1}^{U} w_u = U \right]$$

$$\Leftrightarrow \sum_{u=1}^{U} [q' \, (M + 1/U \, \Delta M) + q'' \, (M + 1/U \, \Delta M)^2] \leq$$
$$\sum_{u=1}^{U} [q' \, (M + \frac{w_u}{U} \, \Delta M) + q'' \, (M + \frac{w_u}{U} \, \Delta M)^2]$$

$$\Leftrightarrow \sum_{u=1}^{U} [q' \, \Delta M \, (\frac{w_u}{U} - \frac{1}{U}) + 2q'' \, \Delta M \, (\frac{w_u}{U} - \frac{1}{U}) + q'' \, \Delta^2 M \, (\frac{w_u^2}{U^2} - \frac{1}{U^2})] \geq 0$$

$$\Leftrightarrow q' \, \Delta M \sum_{u=1}^{U} (\frac{w_u}{U} - \frac{1}{U}) + 2q'' \, \Delta M \sum_{u=1}^{U} (\frac{w_u}{U} - \frac{1}{U}) + q'' \, \Delta^2 M \sum_{u=1}^{U} (\frac{w_u^2}{U^2} - \frac{1}{U^2}) \geq 0$$

Da gilt

$$\sum_{u=1}^{U} w_u = U,$$

folgt

$$\sum_{u=1}^{U} (\frac{w_u}{U} - \frac{1}{U}) = 0.$$

Da gilt

$$q'' \, \Delta^2 M > 0 \quad \text{und} \quad \frac{1}{U^2} > 0,$$

folgt die Bedingung

$$\sum_{u=1}^{U} w_u^2 - U > 0,$$

wenn $\sum_{u=1}^{U} (\frac{w_u^2}{U^2} - \frac{1}{U^2})$ zu $\frac{1}{U^2} \, (\sum_{u=1}^{U} w_u^2 - 1)$ umgeformt wird.

LITERATURVERZEICHNIS

Adam, D. (Abschreibungen): Zur Berücksichtigung nutzungsabhängiger Abschreibungen in kombinierten Anpassungsprozessen. In: ZfB, 51. Jg. (1981), S. 405 ff.

Adam, D. (Intensitätssplitting): Quantitative und intensitätsmäßige Anpassung mit Intensitäts-Splitting bei mehreren funktionsgleichen, kostenverschiedenen Aggregaten. In: ZfB, 42. Jg. (1972), S. 381 ff.

Adam, D. (Interpretationen): Zeitablaufbezogene Interpretationen von Ergebnissen aus zeitablaufunabhängigen Modellen. In: ZfB, 46. Jg. (1976), S. 149 ff.

Adam, D. (Kostentheorie): Kostentheorie. In: WiSu, 1. Jg. (1972); S. 513 ff. und S. 562 ff.; 2. Jg. (1973), S. 6 ff.

Adam, D. (Planung): Planung in schlechtstrukturierten Entscheidungssituationen mit Hilfe heuristischer Vorgehensweisen. In: BFuP, 35. Jg. (1983), S. 484 ff.

Adam, D. (Produktionspolitik): Produktionspolitik. 4., völlig neu bearb. u. erw. Aufl. Wiesbaden 1986.

Adam, D. (Produktionstheorie): Produktions- und Kostentheorie bei Beschäftigungsgradänderungen. 2. überarb. Aufl. Tübingen, Düsseldorf 1976.

Akademischer Verein Hütte (AVH) (Hrsg.) (Betriebshütte III): Hütte. Taschenbuch für Betriebsingenieure (Betriebshütte), Bd. III: Fertigungsbetriebe, 6. Aufl. Berlin 1965.

Albach, H. (Abschreibung): Die degressive Abschreibung. Wiesbaden 1967.

Albach, H. (Forschung): Fünfundzwanzig Jahre betriebswirtschaftlicher Forschung. In: ZfB, 55. Jg. (1985), S. 1214 ff.

Albach, H. (Produktionsplanung): Produktionsplanung auf der Grundlage technischer Verbrauchsfunktionen. In: Arbeitsgemeinschaft für Forschung des Landes Nordrhein-Westfalen, Heft 5, hrsg. v. L. Brand. Köln, Opladen 1962, S. 45 ff.

Albach, H. (Produktionstheorie): Zur Verbindung von Produktionstheorie und Investitionstheorie. In: Zur Theorie der Unternehmung. Festschrift zum 65. Geburtstag von E. Gutenberg, hrsg. v. H. Koch. Wiesbaden 1962, S. 137 ff.

Albach, H. (Unternehmenstheorie): Praxisorientierte Unternehmenstheorie und theoriegeleitete Unternehmenspraxis. Zum Gedenken an Wolfgang Kilger. In: ZfB, 58. Jg. (1988), S. 630 ff.

Alchian, A. (Reliability): Reliability of Progress Curves in Airframe Production. Rand Report RM-260-1. Santa Monica/Cal. 1950.

Allen, R.G.D. (Mathematik): Mathematik für Volks- und Betriebswirte. 3. Aufl. Berlin 1969.

Altrogge, G. (Einfluß): Der Einfluß von Minimal- und Maximalintensitäten auf die kostenminimale Anpassung von Aggregatgruppen. In: ZfB, 42. Jg. (1972), S. 412 ff.

Altrogge, G. (Kostenfunktionen): Kostenfunktionen bei kombinierter Anpassung. In: ZfB, 51. Jg. (1981), S. 412 ff.

Altrogge, G. (Maschinenbelastung): Optimale Maschinenbelastung in Abhängigikeit von der Beschäftigung. Wiesbaden 1971.

Ammons, J.C./McGinnis, L.F. (Model): An Optimization Model for Production Costing in Electric Utilities. In: MS, 29. Jg. (1983), S. 307 ff.

Andress, F.J. (Learning Curve): The Learning Curve as a Production Tool. In: Harvard Business Review, 32. Jg. (1954) S. 87 ff.

Baetge, J. (Lernkurven): Sind Lernkurven adäquate Hypothesen für eine möglichst realistische Kostentheorie? In: ZfbF, 26. Jg. (1974), S. 521 ff.

Baloff, N. (Learning Curve): The Learning Curve - Some Controversial Issues. In: Journal of Industrial Economics, 14. Jg. (1966), S. 275 ff.

Barlow, R.E./Hunter, L.C. (Efficiency): Systems Efficiency and Reliability. In: Technometrics, 2. Jg. (1960), S. 43 ff.

Bartmann, D. (Produktionsplanung): Mittelfristige Produktionsplanung bei ungewissen Szenarien. In: Zeitschrift für Operations Research, 28. Jg. (1984), S. 187 ff.

Baur, W. (Lerngesetz): Lerngesetz der industriellen Produktion. In: HWProd, hrsg. v. W. Kern. Stuttgart 1979, Sp. 1115 ff.

Bäuerle, P. (Konstruktion): Zur Problematik der Konstruktion praktikabler Entscheidungsmodelle. In: ZfB, 59. Jg. (1989), S. 175 ff.

Bea, X./Kötzle, A. (Ansätze): Ansätze für eine Weiterentwicklung der betriebswirtschaftlichen Produktionstheorie. In: WiSt 4. Jg. (1975), S. 565 ff.

Bea, X./Kötzle, A. (Grundkonzeptionen): Grundkonzeptionen der betriebswirtschaftlichen Produktionstheorie. In: WiSt, 4. Jg. (1975), S. 509 ff.

Becker, H. (Anpassung): Kurzfristige Anpassung in der neueren Kostentheorie. Diss. Köln 1953.

Behrbohm, P. (Flexibilität): Flexibilität in der industriellen Produktion. Grundüberlegungen zur Systematisierung und Gestaltung der produktionswirtschaftlichen Flexibilität. Frankfurt a.M., Bern, New York 1985.

Bellman, R. (Programmierung): Dynamische Programmierung und selbstanpassende Regelprozesse. München, Wien 1967.

Bellman, R./Dreyfuß, A. (Programming): Applied Dynamic Programming. Princeton, New Jersey 1969.

Bergner, H. (Vorbereitung): Vorbereitung der Produktion, physische. In: HWProd, hrsg. v. W. Kern. Stuttgart 1979, Sp. 2173 ff.

Betge, P. (Betriebsmitteleinsatz): Optimaler Betriebsmitteleinsatz. Planung unter Erfassung abnutzungsbedingter Potentialreduzierungen. Wiesbaden 1983.

Betge, P. (Betriebsmittelkosten): Planung und Kontrolle von Betriebsmittelkosten. In: ZfB, 58. Jg. (1988), S. 1259 ff.

Bleuel, B. (Untersuchungen): Untersuchungen des (kosten-)optimalen Anpassungsverhaltens in einem Hüttenwerk bei Veränderung interner oder externer Einflußgrößen mit Hilfe linear parametrischer Optimierung. In: ZfbF, 32. Jg. (1980), S. 669 ff.

Bloech, J./Lücke, W. (Produktionswirtschaft): Produktionswirtschaft. Stuttgart, New York 1982.

Bogaschewsky, R./Sierke, B. (Aggregatkombinationen): Optimale Aggregatkombinationen bei zeitlich-intensitätsmäßiger Anpassung und bei Kosten der Inbetriebnahme. In: ZfB, 57. Jg. (1987), S. 978 ff.

Bohr, K. (Produktionsfunktionen): Produktions- und Kostenfunktionen. In: WiSt, 11. Jg. (1982), S. 456 ff.

Boon, K. G. (Choice): Economic Choice of Human and Physical Factors in Production. Amsterdam 1964.

Botta, V. (Bestimmung): Zur Bestimmung von im Zeitablauf optimalen Leistungsschaltungen. In: ZfB, 44. Jg. (1974), S. 89 ff.

Botta, V. (Produktionsfunktion): Betriebswirtschaftliche Produktionsfunktion. Ein Überblick. In: WiSt, 15. Jg. (1986), S. 113 ff.

Böhmer, G. (Lerneffekte): Lerneffekte als Kosteneinflußgrößen und ihre Berücksichtigung in der Kostenplanung und Kostenrechnung. Diss. Münster 1970.

Böhrs, H. (Lohn): Lohn, Prämien-. In: HWProd, hrsg. v. W. Kern, Stuttgart 1979, Sp. 1133 ff.

Breit, C. (Lerneffekte): Lern- und Erfahrungseffekte in der Produktionstheorie. München 1986.

Bronstein, I.N./Semendjajew, K.A. (Mathematik): Taschenbuch der Mathematik, 21. Aufl., hrsg. v. G. Grosche, V. Ziegler u. D. Ziegler. Thun, Frankfurt/Main 1981.

Buffa, E.S. (Management): Modern Production Management. 4. Aufl. New York, London, Sydney, Toronto 1973.

Busse v. Colbe, W. (Betriebsgröße): Die Planung der Betriebsgröße. Wiesbaden 1964.

Busse von Colbe, W./Laßmann, G. (Betriebswirtschaftstheorie): Betriebswirtschaftstheorie. Bd. I: Grundlagen, Produktions- und Kostentheorie. 2. Aufl. Berlin, Heidelberg, New York 1983.

Byrnes, P./Färe, R./Grosskopf, S. (Efficiency): Measuring Productive Efficiency: An Application to Illinois Strip Mines. In: MS, 30. Jg. (1984), S. 671 ff.

Carlson, S. (Study): A Study on the Pure Theory of Production. London 1937.

Castan, E. (Wirtschaftlichkeit): Wirtschaftlichkeit und Wirtschaftlichkeitsrechnung. In: HWB, 3. Aufl., Stuttgart 1960, Sp. 6366 ff.

Chase, R.B./Aquilano, N.J: (Production): Production on Operations Management. A Life Cycle Approach. Homewood/Illinois 1973.

Cherrington, J.E./Towill, D.R. (Control): Productivity Control via Learning Curve Model. In: International Journal of Production Research, 21. Jg. (1983), S. 337 ff.

Clegg, J.C. (Variationsrechnung): Variationsrechnung. Übersetzt von I. Habmitz. Stuttgart 1970.

Cochran, E.B. (Concepts): New Concepts of Learning Curve. In: The Journal of Industrial Engineering, 11. Jg. (1960), S. 317 ff.

Conway, R.W./Schultz, A. (Progress Function): The Manufacturing Progress Function. In: The Journal of Industrial Engineering, 10. Jg. (1959), S. 39 ff.

Corsten, H. (Effizienz): Die Partizipation als Determinante der Effizienz von Unternehmungen. In: WiSt, 14. Jg. (1985), S. 53 ff.

Corsten, H. (Fixkostenabbau): Fixkostenabbau bei schrumpfenden Unternehmungen. In: WiSu, 14. Jg. (1985), S. 195 ff.

Czeranowsky, G. (Produktionstheorie): Betriebswirtschaftliche Produktions- und Kostentheorie. In: WiSu, 12. Jg. (1983), S. 107 ff und S. 155 ff.

Dano, S. (Models): Industrial Production Models. A Theoretical Study. Wien, New-York 1966.

Dellmann, K. (Produktionstheorie): Betriebswirtschaftliche Produktions- und Kostentheorie. Wiesbaden 1980.

Dellmann, K./Nastansky, L. (Produktionsplanung): Kostenminimale Produktionsplanung bei rein intensitätsmäßiger Anpassung mit differenzierten Intensitätsgraden. In: ZfB, 39. Jg. (1969), S. 239 ff.

Devinney, T.M. (Entry): Entry and Learning. In: MS, 33. Jg. (1987), S. 706 ff.

Dinkelbach, W. (Input-Output-Anayse): Input-Output-Analyse. In: HWR, 2., völlig neu gestaltete Aufl., hrsg. v. E. Kosiol, K. Chmielewicz u. M. Schweitzer. Stuttgart 1981, Sp. 749 ff.

Dinkelbach, W. (Verfahren): Operations Research-Verfahren. In: HWProd, hrsg. v. W. Kern. Stuttgart 1979, Sp. 1379 ff.

Dinkelbach, W./Hax, H. (Anwendung): Die Anwendung der ganzzahligen linearen Programmierung auf betriebswirtschaftliche Entscheidungsprobleme. In: ZfhF, 14. Jg. (1962), S. 179 ff.

Dlugos, G. (Analyse): Kritische Analyse der ertragsgesetzlichen Kostenaussage. Berlin 1961.

Dlugos, G. (Theorem): Zum Theorem der Grenzkostenkalkulation. In: Organisation und Rechnungswesen. Festschrift für E. Kosiol zu seinem 65. Geburtstag, hrsg. v. E. Grochla, Berlin 1964, S. 479 ff.

Dörner, E. (Plankostenrechnungen): Plankostenrechnungen aus produktionstheoretischer Sicht. Bergisch-Gladbach 1984.

Eichhorn, W. (Produktionstheorie): Produktions- und Kostentheorie. In: Handwörterbuch der Volkswirtschaft, hrsg. v. W. Glastetter, E. Händle, U. Müller u. R. Rettig. Wiesbaden 1978, Sp. 1054 ff.

Eichhorn, W. (Theorie): Theorie der homogenen Produktionsfunktion. Berlin, Heidelberg, New-York 1970.

Ellinger, Th. (Ablaufplanung): Ablaufplanung. Grundfragen des zeitlichen Ablaufs der Fertigung im Rahmen der industriellen Produktionsplanung. Stuttgart 1959.

Ellinger, Th. (Einzelfertigung): Industrielle Einzelfertigung und Vorbereitungsgrad. In: ZfhF, 15. Jg. (1963), S. 481 ff.

Ellinger, Th. (Produktionsdurchführung): Produktionsdurchführung, Planung der. In: Handwörterbuch der Planung, hrsg. v. N. Szyperski u. U. Wienand. Stuttgart 1989, Sp. 1602 ff.

Ellinger, Th. (Produktionsplanung): Der Einsatz von OR-Methoden im Bereich der industriellen Produktionsplanung. In: DGOR: Operations Research Proceedings 1980, hrsg. v. G. Fandel. Berlin, Heidelberg, New York 1981, S. 307 ff.

Ellinger, Th. (Research): Operations Research. Eine Einführung. 2. Aufl. Berlin, Heidelberg, New York, Tokyo 1985.

Ellinger, Th. (Wechselproduktion): Industrielle Wechselproduktion. In: Produktivität und Rationalisierung. Chancen, Wege, Forderungen, hrsg. v. RKW. Frankfurt 1971, Sp. 197 ff.

Ellinger, Th./Haupt, R.(Produktionstheorie): Produktions- und Kostentheorie. Stuttgart 1982.

Fandel, G. (Erfassung): Die Erfassung produktiver Gesetzmäßigkeiten durch Technologien. In: WiSt, 14. Jg. (1985), S. 57 ff.

Fandel, G. (Produktion): Produktion I. Produktions- und Kostentheorie. Berlin, Heidelberg, New York, London, Paris, Tokyo 1987.

Fandel, G. (Stand): Zum Stand der betriebswirtschaftlichen Theorie der Produktion. In: ZfB, 50. Jg. (1980), S. 86 ff.

Färe, R./Hunsaker, W. (Efficiency): Notions of Efficiency and their Reference Sets. In: MS, 32. Jg. (1986), S. 237 ff.

Feichtinger, G./Hartl, R.F. (Kontrolle): Optimale Kontrolle ökonomischer Prozesse. Anwendungen des Maximumprinzips in den Wirtschaftswissenschaften. Berlin, New York 1986.

Feichtinger, G./Kistner, K./Luhmer, A. (Modell): Ein dynamisches Modell des Intensitätssplittings. In: ZfB, 58. Jg. (1988), S. 1242 ff.

Fischer K.H. (Anwendungen): Empirische Anwendungen der Produktionstheorie. In: ZfB, 50. Jg. (1980), S. 314 ff.

Fleischmann, B. (Produktionsplanung): Operations-Research-Modelle und -Verfahren in der Produktionsplanung. In: ZfB, 58. Jg. (1988), S. 346 ff.

Förstner, K. (Produktionsfunktionen): Betriebs- und volkswirtschaftliche Produktionsfunktionen. In: ZfB, 32. Jg. (1962), S. 264 ff.

Förstner, K./Henn, R. (Produktionstheorie): Dynamische Produktionstheorie und lineare Programmierung. Meisenheim/Glan 1957.

Fries, H.-P./Otto, G.C. (Betriebswirtschaftslehre): Industrielle Betriebswirtschaftslehre. Braunschweig, Wiesbaden 1982.

Frisch, F. (Theory): Theory of Production. Dordrecht 1965.

Gälweiler, A. (Energiekosten): Energiekosten, Abrechnung der -. In: HWR, 2., völlig neu gestaltete Aufl., hrsg. v. E. Kosiol, K. Chmielewicz u. M. Schweitzer. Stuttgart 1981, Sp. 464 ff.

Gehrig, G. (Analyse): Input-Output-Analyse. In: HdWW, hrsg. v. W. Albers, K.E. Born, E. Dürr, H. Hesse, A. Kraft, H. Lampert, K. Rose, H.-H. Rupp, H. Scherf, K. Schmidt u. W. Wittmann. Bd. 4, Stuttgart, Tübingen, Göttingen 1978, S. 215 ff.

Göppl, H./Zoller, K. (Betriebswirtschaftslehre): Allgemeine Betriebswirtschaftslehre 2. Meisenheim 1977.

Gutenberg, E. (Abschreibungen): Abschreibungen. In: Handwörterbuch der Sozialwissenschaften, hrsg. v. E. v. Beckerath. Stuttgart, Tübingen, Göttingen 1956, Bd. 1, Sp. 20 ff.

Gutenberg, E. (Grundlagen): Grundlagen der Betriebwirtschaftslehre. Erster Band: Die Produktion. 24. Aufl. Berlin, Heidelberg, New York 1983.

Gutenberg, E. (Rückblick): Rückblick. In: ZfB, 54. Jg. (1984), S. 1151 ff.

Haberbeck, H.-R. (Ermittlung): Zur wirtschaftlichen Ermittlung von Verbrauchsfunktionen. Diss. Köln 1967.

Haberstock, L. (Kostensenkung): Kostensenkung. In: HWR, 2., völlig neu gestaltete Aufl., hrsg. v. E. Kosiol, K. Chmielewicz u. M. Schweitzer. Stuttgart 1981, Sp. 1078 ff.

Hackstein, R./Sieper, H.-P. (Produktion): Fertigungs- und Montageindustrien, Produktion in den. In: HWProd, hrsg. v. W. Kern. Stuttgart 1979, Sp. 574 ff.

Hahn, D./Laßmann, G. (Produktionswirtschaft): Produktionswirtschaft. Controlling industrieller Produktion. Bd. 1. Grundlagen, Führung und Organisation, Produkte und Produktionsprogramm, Material und Dienstleistungen. Heidelberg, Wien, Zürich 1986.

Hamel, W. (Zielvariation): Zur Zielvariation in Entscheidungsprozessen. In: ZfbF, 25. Jg. (1973), S. 739 ff.

Hammann, P. (Entscheidungsmodelle): Entscheidungsmodelle in der betriebswirtschaftlichen Theorie. In: ZfbF, 21. Jg. (1969), S. 457 ff.

Hartmann-Wendels, Th. (Wirtschaftlichkeit): Wirtschaftlichkeit. In: WiSu, 16. Jg. (1987), S. 188.

Haupt, R. (Anpassung): Produktions- und kostentheoretische Anpassung an Beschäftigungsschwankungen. In: WiSu, 13. Jg. (1984), S. 393 ff.

Haupt, R. (Produktionstheorie): Produktionstheorie und Ablaufmanagement. Zeitvariable Faktoreinsätze und ablaufbezogene Dispositionen in Produktionstheorie- und -planungs-Modellen, Stuttgart 1987.

Haupt, R./Klee, H.-W. (Produktionsplanung): Grundlagen der Produktionsplanung. In: WiSu, 15. Jg. (1986), S. 117 ff.

Haupt, R./Knobloch, Th. (Anpassungsprozesse): Kostentheoretische Anpassungsprozesse bei zeitvariablen Faktoreinsätzen. In: ZfB, 59. Jg. (1989), S. 504 ff.

Hax, H. (Bewertungsprobleme): Bewertungsprobleme bei der Formulierung von Zielfunktionen für Entscheidungsmodelle. In ZfbF, 19. Jg. (1967), S. 749 ff.

Heinen E./Sievi, Ch. (Kostentheorie): Kostentheorie. In: HWProd, hrsg. v. W. Kern. Stuttgart 1979, Sp. 971 ff.

Heinen, E. (Anpassung): Anpassungsprozesse in einem Kokereibetrieb unter besonderer Berücksichtigung der quantitativen und intensitätsmäßigen Anpassung. In: ZfhF, 7. Jg. (1955), S. 106 ff.

Heinen, E. (Anpassungsprozesse): Anpassungsprozesse und ihre kostenmäßigen Konsequenzen. Köln, Opladen 1957.

Heinen, E. (Kostenlehre): Betriebswirtschaftliche Kostenlehre. 6., verb. u. erw. Aufl. Wiesbaden 1983. (Unveränderter Nachdruck 1985.)

Heinen, E. (Produktionstheorie): Produktions- und Kostentheorie. In: Allgemeine Betriebswirtschaftslehre in programmmierter Form, hrsg. v. H. Jacob, Wiesbaden 1969, S.201 ff.

Herms, B./Scheibler, A. (Produktionswirtschaft): Produktionswirtschaft. Beschaffung und Produktion im Industriebetrieb. München 1979.

Hilke, W. (Zeitkomponenten): Zeitkomponenten, faktor- und auftragsbezogene. In: HWProd, hrsg. v. W. Kern, Stuttgart 1979, Sp. 2281 ff.

Hiller, R.S./Shapiro, J.F. (Capacity): Optimal Capacity Expansion Planning when there are Learning Effects. In: MS, 32. Jg. (1986), S. 1153 ff.

Hirsch, W.Z. (Progress Functions): Manufacturing Progress Functions: In: The Review of Economics and Statistics, 34. Jg. (1952), S. 143 ff.

Hirschman, W.B. (Learning Curve): Profit from the Learning Curve. In: Harvard Business Review, 42. Jg. (1964), S. 125 ff.

Hoitsch, H.-J. (Produktionswirtschaft): Produktionswirtschaft. Grundzüge einer industriellen Betriebswirtschaftslehre. München 1985.

Horsmann, W. (Einsatz): Effizienter Einsatz von Arbeitskräften, Betriebsmitteln und Werkstoffen. Neuwied 1978.

Horvath, P./Mayer, R. (Flexibilität): Produktionswirtschaftliche Flexibilität. In: WiSt, 15. Jg. (1986), S. 69 ff.

Huch, B. (Produktionskosten): Produktionskosten. In: HWProd, hrsg. v. W. Kern. Stuttgart 1979, Sp. 1512 ff.

Ihde, G.-B. (Lernprozesse): Lernprozesse in der Produktionstheorie. In: ZfB, 40. Jg. (1970), S. 451 ff.

Jacob, H. (Produktionsplanung): Produktionsplanung und Kostentheorie. In: Zur Theorie der Unternehmung. Festschrift zum 65. Geburtstag von E. Gutenberg, hrsg. v. H. Koch. Wiesbaden 1962, S. 205 ff.

Jehle, E./Müller, K./Michael, H. (Produktionswirtschaft): Produktionswirtschaft. Eine Einführung mit Anwendungen und Kontrollfragen. 2., überarb. u. erw. Aufl. Heidelberg 1986.

Jensen, D.R./Hui, Y.V./Ghare, P.M. (Model): Monitoring an Input-Output Model for Production. I. The Control Charts. In: MS, 30. Jg. (1984), S. 1197 ff.

Jobs, H.G. (Produktionsfunktionen): Produktionsfunktionen und Produktionsmodelle. Kritische Untersuchung ihrer Eignung als Erklärungs- und Entscheidungsmodelle. Diss. Regensburg 1969.

Jucker, J.V. (Transfer): The Transfer of Domestic-Market Production to a Foreign Site. In: American Institute of Industrial Engineers-Transactions, 9. Jg. (1977), S. 321 ff.

Kabrede, H.-J. (Theorie): Zur Theorie der Mehrprodukt- und Mehrstufenunternehmung. Göttingen 1972.

Kahle, E. (Produktion): Produktion. Lehrbuch zur Planung der Produktion und Materialbereitstellung. 2. erw. Aufl. München, Wien 1980.

Karrenberg, R./Scheer, A.W. (Ableitung): Ableitung des kostenminimalen Einsatzes von Aggregaten zur Vorbereitung der Optimierung simultaner Planungsprobleme. In: ZfB, 40. Jg. (1970), S. 689 ff.

Keachie, E.C. (Curve): Manufacturing Cost Reduction through the Curve of Natural Productivity Increase, Berkely/Cal. 1964.

Kern, W. (Erkenntnisbereich): Die Produktionswirtschaft als Erkenntnisbereich der Betriebswirtschaftslehre. In: ZfbF, 28. Jg. (1976), S. 756 ff.

Kern, W. (Faktorkombination): Der Betrieb als Faktorkombination. In: Allgemeine Betriebswirtschaftlehre in programmierter Form, 3. Auflage, hrsg. v. H. Jacob. Wiesbaden 1976, S. 121 ff.

Kern, W. (Gestaltungsmöglichkeit): Gestaltungsmöglichkeit und Anwendungsbereich betriebwirtschaftlicher Planungsmodelle. In: ZfhF, 14. Jg. (1962), S. 167 ff.

Kern, W. (Industrielle Produktionswirtschaft): Industrielle Produktionswirtschaft. Grundlagen von der Lehre einer Erzeugungswirtschaft. 3. völlig neu bearb. Aufl. Stuttgart 1980.

Kern, W. (Produktionswirtschaft): Produktionswirtschaft. In: HWProd, hrsg. v. W. Kern. Stuttgart 1979, Sp. 1647 ff.

Kilger, W. (Grundlage): Die Produktions- und Kostentheorie als theoretische Grundlage der Kostenrechnung. In: ZfhF, 10. Jg. (1958), S. 553 ff.

Kilger, W. (Grundlagen): Kostentheoretische Grundlagen der Grenzplankostenrechnung. In: ZfbF, 28. Jg. (1976), S. 679 ff.

Kilger, W. (Kostentheorie): Kostentheorie heute. In: Der Volkswirt, 32. Jg. (1966), S. 1581 ff.

Kilger, W. (Produktionsplanung): Optimale Produktions- und Ablaufplanung. Entscheidungsmodelle für den Produktions- und Absatzbereich industrieller Betriebe. Opladen 1973.

Kilger, W. (Produktionstheorie): Produktions- und Kostentheorie. Wiesbaden 1958.

Kilger, W. (Theorie): Die Theorie der industriellen Produktion auf der Grundlage dispositiv variierbarer Prozeßparameter. In: Neuere Entwicklungen in der Unternehmenstheorie. Erich Gutenberg zum 85. Geburtstag, hrsg. v. H. Koch. Wiesbaden 1982, S. 99 ff.

Kilger, W. (Verfahrenswahl): Optimale Verfahrenswahl bei gegebenen Kapazitäten. In: Produktionstheorie und Produktionsplanung. Karl Hax zum 65. Geburtstag, hrsg. v. A. Moxter, D. Schneider u. W. Wittmann. Köln, Opladen 1966, S. 154 ff.

Kirchner, S. (Vorgabezeitermittlung): Vorgabezeitermittlung mit Zeitaufnahmeverfahren. In: HWProd, hrsg. v. W. Kern. Stuttgart 1979, Sp. 2202 ff.

Kistner, K.-P. (Aktivitätsanalyse): Aktivitätsanalyse, lineare Programmierung und neoklassische Produktionstheorie. In: WiSt, 10. Jg. (1981), S. 145 ff.

Kistner, K.-P. (Betriebsmittel): Die Rolle der Betriebsmittel in der Produktionstheorie. In: WiSt, 11. Jg. (1982), S.102 ff.

Kistner, K.-P. (Produktionstheorie): Produktions- und Kostentheorie. Würzburg, Wien 1981.

Kistner, K.-P./Luhmer, A. (Ermittlung): Zur Ermittlung der Kosten der Betriebsmittel in der statischen Produktionstheorie. In: ZfB, 51. Jg. (1981), S. 165 ff.

Klaus, J. (Produktionstheorie): Produktions- und Kostentheorie. Stuttgart 1974.

Klingel, U. (Betriebsmittelkosten): Bestimmung kalkulatorischer Betriebsmittelkosten. Eine Analyse der Einflußfaktoren. Düsseldorf 1981.

Kloock, J. (Input-Output-Modelle): Betriebswirtschaftliche Input-Output-Modelle. Ein Beitrag zur Produktionstheorie. Wiesbaden 1969.

Kloock, J. (Produktion): Produktion. In: Vahlens Kompendium der Betriebswirtschaftslehre, Bd. 1. München 1984, S.241 ff.

Kloock, J./Limmer, K.H. (Matrizen): Matrizen, Anwendungen im Rechnungswesen. In: HWR, 2., völlig neu gestaltete Aufl., hrsg. v. E. Kosiol, K. Chmielewicz u. M. Schweitzer. Stuttgart 1981, Sp. 1181 ff.

Kloock, J./Sieben, G./Schildbach, Th. (Kostenrechnung): Kosten- und Leistungsrechnung. 3., überarb. Aufl. Düsseldorf 1984.

Knolmayer, G./Rückle, D. (Grundlagen): Betriebswirtschaftliche Grundlagen der Projektkostenminimierung in der Netzplantechnik. In: ZfbF, 28. Jg. (1976), S. 431 ff.

Knolmeyer, G. (Anpassungsmöglichkeiten): Der Einfluß von Anpassungsmöglichkeiten auf die Isoquanten in Gutenberg-Produktionsmodellen. In: ZfB, 53. Jg. (1983), S. 1122 ff.

Knolmeyer, G. (Systematisierungsversuche): Systematisierungsversuche in der betriebswirtschaftlichen Produktionstheorie. In: Der österreichische Betriebswirt, 23. Jg. (1973), S. 87 ff.

Koch, H. (Analyse): Zum Verfahren der Analyse von Kostenfunktionen. In: ZfB, 50. Jg. (1980), S. 957 ff.

Koch, H. (Kostenfunktionen): Zur Diskussion über die Ableitung von Kostenfunktionen. In: ZfB, 51. Jg. (1981), S. 418 ff.

Koch, H. (Planung): Betriebliche Planung. Wiesbaden 1961.

Koopmans, T.C. (Produktion): Analysis of Production as an Efficient Combination of Activities. In: Activity Analysis of Production and Allocation, hrsg. v. T.C. Koopmanns. New York, London 1951, S. 33 ff.

Kosiol, E. (Anlagenrechnung): Anlagenrechnung. Theorie und Praxis der Abschreibungen. 2. Aufl. Wiesbaden 1955.

Kosiol, E. (Lohn): Lohn, Zeit-, Stück- und Leistungs-. In: HWProd, hrsg. v. W. Kern. Stuttgart 1979, Sp. 1145 ff.

Kosiol, E. (Unternehmung): Die Unternehmung als wirtschaftliches Aktionszentrum. Einführung in die Betriebswirtschaftslehre. Reinbek 1972.

Köhler, R. (Modelle): Modelle. In: HWB, 4. Aufl., hrsg. v. E. Grochla u. W. Wittmann. Stuttgart 1974, Sp. 2701 ff.

Krelle, W. (Produktionstheorie): Produktionstheorie. Teil I der Preistheorie. 2. Aufl. Tübingen 1969.

Krycha, K.-Th. (Produktionswirtschaft): Produktionswirtschaft. Bielefeld 1978.

Küpper, H.-U. (Interdependenzen): Interdependenzen zwischen Produktionstheorie und der Organisation des Produktionsprozesses. Berlin 1980.

Küpper, H.-U. (Kostenbewertung): Kostenbewertung. In: HWR, 2., völlig neu gestaltete Aufl., hrsg. v. E. Kosiol, K. Chmielewicz u. M. Schweitzer. Stuttgart 1981, Sp. 1012 ff.

Küpper, H.-U. (Produktionsfunktion): Dynamische Produktionsfunktion auf der Basis des Input-Output-Ansatzes. In: ZfB, 49. Jg. (1979), S. 93 ff.

Küpper, H.-U. (Produktionsfunktionen): Produktionsfunktionen. In: WiSt, 5. Jg. (1976), S. 129 ff.

Küpper, H.U. (Modell): Das Input-Output-Modell als allgemeiner Ansatz für die Produktionsfunktion der Unternehmung. In: Jahrbücher für Nationalökonomie und Statistik, 191. Jg. (1977), S. 492 ff.

Küpper, H.U. (Produktionstypen): Produktionstypen. In: HWProd, hrsg. v. W. Kern. Stuttgart 1979, Sp. 1636 ff.

Lambrecht, H.W. (Optimierung): Die Optimierung intensitätsmäßiger Anpassungsprozesse. Diss. Göttingen 1977.

Laßmann, G. (Einflußgrößenrechnung): Einflußgrößenrechnung. In: HWR, 2., völlig neu gestaltete Aufl., hrsg. v. E. Kosiol, K. Chmielewicz u. M. Schweitzer. Stuttgart 1981, Sp. 427 ff.

Laßmann, G. (Kostenerfassung): Kostenerfassung, Prinzipien und Technik. In: HWProd, hrsg. v. W. Kern. Stuttgart 1979, Sp. 1020 ff.

Laßmann, G. (Produktionsfunktion): Die Produktionsfunktion und ihre Bedeutung für die betriebswirtschaftliche Kostentheorie. Köln, Opladen 1958.

Laufenberg von , J. (Produktmengenänderungen): Produktmengenänderungen und anteilige Beschäftigungsabweichungen bei nicht ausgelasteten Anlagen. In: ZfB, 58. Jg. (1988), S. 416 ff.

Layer, M. (Kapazität): Kapazität: Begriff, Arten und Messung. In: HWProd, hrsg. v. W. Kern. Stuttgart 1979, Sp. 871 ff.

Leiderer, W. (Anpassungsentscheidungen): Kostenorientierte Anpassungsentscheidungen. mi-Studienskripte zur Betriebswirtschaftslehre, hrsg. v. W. Leiderer, Bd. 11. München 1977.

Leontief, W. (Studies): Studies in the Structure of the American Economy. Theoretical and Empirical Explorations in Input-Output-Analysis. New York 1953.

Lex, H. (Produktionstheorie): Produktions- und Kostentheorie. Skriptum hrsg. v. C. Ölschläger. München 1976.

Luhmer, A. (Produktionsprozesse): Maschinelle Produktionsprozesse. Ein Ansatz dynamischer Produktions- und Kostentheorie. Reihe: Beiträge zur betriebswirtschaftlichen Forschung, hrsg. v. H. Albach, H. Hax, P. Riebel u. K. v. Wysocki, Bd. 43. Opladen 1975.

Lücke , W. (Probleme): Probleme der quantitativen Kapazität in der industriellen Erzeugung. In: ZfB, 35. Jg. (1965), S. 354 ff.

Lücke, W. (Kapazität): Kapazität. In: WiSu, 16. Jg. (1987), S. 318 ff.

Lücke, W. (Kostentheorie): Produktions- und Kostentheorie. 2. Aufl. Würzburg, Wien 1970.

Lücke, W. (Produktionstheorie): Produktionstheorie. In: HWProd, hrsg. v. W. Kern. Stuttgart 1979, Sp. 1619 ff.

Maier, K.-H. (Energieversorgung): Energieversorgung, betriebliche. In: HWProd, hrsg. v. W. Kern. Stuttgart 1979, Sp. 470 ff.

Matthes, W. (Einzelpoduktionsfunktion): Dynamische Einzelproduktionsfunktion der Unternehmung (Produktionsfunktion vom Typ F). Betriebswirtschaftliches Arbeitspapier Nr. 2/1979. Köln 1979.

Matthes, W. (Optimierung): Probleme der simultanen Optimierung von Leistungsprozessen. Berlin 1970.

Männel, W. (Produktionsanlagen): Produktionsanlagen, Eignung von. In: HWProd, hrsg. v. W. Kern, Stuttgart 1979, Sp. 1465 ff.

Meffert, H. (Beziehungen): Beziehungen zwischen der betriebswirtschaftlichen Kostentheorie und der Kostenrechnung. Diss. München 1964.

Meij, J.L. (Kostendimensionen): Über Kostendimensionen in der Betriebswirtschaftslehre. In: ZfB, 36. Jg. (1966), 1. Ergänzungsheft, S. 64 ff.

Mellwig, W. (Anpassungsfähigkeit): Anpassungsfähigkeit und Ungewissheitstheorie. Zur Berücksichtigung der Elastizität des Handelns in der Unternehmenstheorie. Tübingen 1972.

Möschel, W. (Effizienz): Effizienz und Wettbewerbspolitik. In: WiSt, 15. Jg. (1986), S. 341 ff.

Muth, E.-J. /Spremann, K. (Effekts): Learning Effects in Economic Lot Sizing. In: MS, 29. Jg. (1983), S. 264 ff.

Müller-Merbach, H. (Konstruktion): Die Konstruktion von Input-Output-Modellen. In: Planung und Rechnungswesen in der Betriebswirtschaftslehre, hrsg. v. H. Bergner. Berlin 1981, S. 19 ff.

Müller-Merbach, H. (Schönheitsfehler): Schönheitsfehler der Betriebswirtschaftslehre. In: ZfB, 53. Jg. (1983), S. 811 ff.

Opitz, H./Axner, H. (Beeinflussung): Beeinflussung des Verschleißverhaltens bei spanenden Werkzeugen durch flüssige und gasförmige Kühlmittel und elektrische Maßnahmen. Forschungsberichte des Landes Nordrhein-Westfalen, hrsg. v. L. Brandt, Nr. 271. Köln, Opladen 1956.

Opitz, H./Schaller, E. (Untersuchungen): Untersuchungen der Ursachen des Werkzeugverschleißes. Forschungsberichte des Landes Nordrhein-Westfalen, hrsg. v. L. Brandt, Nr. 1572. Köln, Opladen 1966.

Ötting, G. (Beitrag): Beitrag zur Klärung des betriebswirtschaftlichen Kapazitätsbegriffes und zu den Möglichkeiten der Kapazitätsmessung. Diss. Mannheim 1951.

Pack, L. (Einfluß): Zum Einfluß der Faktorpreise auf die optimale Fahrgeschwindigkeit von Kraftfahrzeugen. In: ZfB, 54. Jg. (1984), S. 842 ff.

Pack, L. (Elastizität): Die Elastizität der Kosten. Grundlagen einer entscheidungsorientierten Kostentheorie. Wiesbaden 1966.

Pack, L. (Ermittlung): Die Ermittlung der kostenminimalen Anpassungsprozeßkombination. In: ZfbF, 18. Jg. (1966), S. 466 ff.

Pack, L. (Fertigen): Langsamer Fertigen - eine kostengünstige Alternative zu Kurzarbeit und Entlassung? In: ZfB, 57. Jg. (1987), S. 1179 ff.

Pack, L. (Produktionsplanung): Optimale Produktionsplanung als Entscheidungsproblem. In: ZfB, 40. Jg. (1970), S. 67 ff.

Peeken, H. (Verschleiß): Verminderung von Reibung und Verschleiß durch tribologisch zwechmäßige Gestaltung von Maschinenteilen: In: VDI-Berichte 277, Düsseldorf 1977, S. 19 ff.

Pohmer, D./Bea F.-X. (Produktion): Produktion und Absatz. Betriebswirtschaftslehre im Grundstudium der Wirtschaftswissenschaft. Bd. 2. 2., völlig neu bearb. Aufl. Göttingen 1988.

Raffée, H. (Grundprobleme): Grundprobleme der Betriebswirtschaftslehre. Göttingen 1974.

REFA (Verband für Arbeitsstudien - REFA e.V.) (Datenermittlung): Methoden des Arbeitsstudiums. Teil 2: Datenermittlung, 4. Aufl. München 1975.

Reiß, M. (Zeitbezug): Der Zeitbezug des betrieblichen Rechnungswesens. In: WiSu, 16. Jg. (1987), S. 429 ff.

Riebel, P. (Problematik): Die Problematik der Normung von Abschreibungen. Veröffentlichungen der Wirtschaftshochschule Mannheim, Reihe 2: Reden, Heft 11, Stuttgart 1963.

Roski, R. (Aggregatkosten): Planungsrelevante Aggregatkosten. In: ZfB, 57. Jg. (1987), S. 526 ff.

Roski, R. (Einsatz): Einsatz von Aggregaten - Modellierung und Planung. Berlin 1986.

Roski, R. (Modelle): Kontrolltheoretische Modelle. In: WiSt, 14. Jg. (1985), S. 15 ff.

Schaefer, H.-F. (Allgemeingültigkeit): Über die Allgemeingültigkeit der Gutenberg-Produktionsfunktion. In: ZfB, 48. Jg. (1978), S. 315 ff.

Scheibler, A. (Betriebe): Betriebe, Produktion und Sozialprodukt. Erster Teil: Betriebs- und volkswirtschaftliche Produktions- und Kostenlehre. Wiesbaden 1975.

Scheibler, A. (Produktionslehre): Betriebs- und volkswirtschaftliche Produktions- und Kostenlehre. Wiesbaden 1975.

Schneider , D. (Lernkurven): Lernkurven und ihre Bedeutung für Produktionsplanung und Kostentheorie. In: ZfbF, 17. Jg. (1965), S. 501 ff.

Scholl, F. (Einbeziehung): Die Einbeziehung von Lernvorgängen in ökonomische Modelle. Diss. Köln 1968.

Schroer, J. (Produktionstheorie): Produktions- und Kostentheorie. 2. überarb. u. erw. Aufl. München, Wien 1987.

Schumann, J. (Analyse): Input-Output-Analyse. Berlin, Heidelberg, New York 1968.

Schüler, W. (Anlageneinsatz): Kostenoptimaler Anlageneinsatz bei mehrstufiger Mehrproduktfertigung. In: ZfB, 45. Jg. (1975), S. 393 ff.

Schüler, W. (Anpassung): Bemerkungen zum Problem der Anpassung eines Produktionsproblems an schwankende Beschäftigungslagen. In: ZfB, 46. Jg. (1976), S. 162 ff.

Schüler, W. (Prozeßauswahl): Prozeß- und Verfahrensauswahl im einstufigen Einproduktunternehmen. In: ZfB, 43. Jg. (1973), S. 435 ff.

Schweitzer, M. (Kostenfunktionen): Betriebswirtschaftliche Kostenfunktionen. In: WiSt, 6. Jg. (1977), S. 66 ff.

Schweitzer, M. (Produktionsfunktionen): Produktionsfunktionen. In: HWProd, hrsg. v. W. Kern, Stuttgart 1979, Sp. 1494 ff.

Schweitzer, M./Küpper, H.-U. (Produktionstheorie): Produktions- und Kostentheorie der Unternehmung. Reinbek 1974.

Seelbach, H. (Produktionstheorie): Produktionstheorie und Ablaufplanung. In: Neuere Entwicklungen der Unternehmenstheorie. Erich Gutenberg zum 85. Geburtstag, hrsg. v. H. Koch. Wiesbaden 1982, S. 269 ff.

Shepard, R.-W. (Cost Functions): Cost and Production Functions. Berlin, Heidelberg, New York 1981.

Sieben, G./Schildbach, Th. (Anlagenverzehr): Anlagenverzehr. In: HWProd, hrsg. v. W. Kern. Stuttgart 1979, Sp. 53 ff.

Smith, V.L. (Investment): Investment and Production. A Study in the Theory of the Capital Using Enterprise. Cambridge/Mass. 1961.

Smunt, T.L. (Learning Curve): Incorporating Learning Curve Analysis into Medium-Term Capacity Planning Procedures: A Simulation Experiment. In: MS, 32. Jg. (1986) S. 1164 ff.

Stecke, K.E. (Formulation): Formulation and Solution of Nonlinear Integer Production Planning Problems for Flexible Manufacturing Systems. In: MS, 29. Jg. (1983), S. 273 ff.

Steffen, M./Steinecke, V. (Einflußgrößenrechnung): Einflußgrößenrechnung zur Kostenplanung eines Feinstahlwalzwerkes mit Matrizen. In: Stahl und Eisen, 82. Jg. (1962), S. 155 ff.

Steffen, R. (Kapazitäten): Die Bestimmung von Kapazitäten und ihrer Nutzung in der industriellen Fertigung. In: ZfbF, 32. Jg. (1980), S. 173 ff.

Stein, C. (Zeitaspekt): Zur Berücksichtigung des Zeitaspektes in der betriebswirtschaftlichen Produktionstheorie. Diss. München 1965.

Stepan, A. (Produktionsfaktor): Produktionsfaktor Maschine. Betriebswirtschaftliche Konsequenzen aus dem Anlagenverschleiß. Wien 1981.

Stepan, A./Fischer, E.O. (Optimierung): Betriebswirtschaftliche Optimierung. Einführung in die quantitative Betriebswirtschaftslehre. München, Wien 1988.

Stöppler, S. (Produktionstheorie): Dynamische Produktionstheorie. Reihe: Beiträge zur betriebswirtschaftlichen Forschung, hrsg. v. H. Albach, H. Hax, P. Riebel u. K. v. Wysocki, Bd. 39. Opladen 1975.

Strebel, H. (Industriebetriebslehre): Industriebetriebslehre. Stuttgart, Berlin, Köln, Mainz 1984.

Sule, D.-R. (Effect): The Effect of Alternate Periods of Learning and Forgetting on EMQ. In: American Institute of Industrial Engineers-Transactions, 10. Jg. (1978), S.338 ff.

Swoboda, P. (Abschreibungskosten): Die Ableitung variabler Abschreibungskosten aus Modellen zur Optimierung der Investitionsdauer. In: ZfB, 49. Jg. (1979), S. 563 ff.

Uebe, G. (Produktionstheorie): Produktionstheorie. Berlin, Heidelberg, New York 1976.

Vormbaum H. (Produktionsfunktion): Die Produktionsfuktion in betriebswirtschaftlicher Sicht. In: Industrielle Produktion, hrsg. v. K. Agthe, H. Blohm, H. Schnaufer. Baden-Baden, Bad Homburg 1967, S. 53 ff.

Waffenschmidt, W.G. (Produktion): Produktion. Meisenheim/Glan 1955.

Walther, E. (Produktionswirtschaft): Industrielle Produktionswirtschaft. Ohne Ort, ohne Jahr.

Weber, K. (Lernkurven): Lernkurven: Modelle und Anwendungsmöglichkeiten. In: Industrielle Organisation, 38. Jg. (1969), S. 401 ff.

Wittmann, W. (Grundzüge): Grundzüge einer axiomatischen Produktionstheorie. In: Produktionstheorie und Produktionsplanung. Karl Hax zum 65. Geburtstag, hrsg. v. A. Moxter, D. Schneider u. W. Wittmann. Köln, Opladen 1966, S. 9 ff.

Wittmann, W. (Produktionsfunktion): Von der Produktionsfunktion zur effizienten Technologiemenge. Neuere Darstellungsweisen in der Produktionstheorie. In: WiSu, 4. Jg. (1975), S. 276 ff.

Wittmann, W. (Produktionstheorie): Produktionstheorie. Berlin, Heidelberg, New York 1968.

Wohltmann, H.-W./Roski, R. (Planungsmöglichkeiten): Planungsmöglichkeiten in betrieblichen Produktionsstrukturen. In: ZfB, 55. Jg. (1985), S. 731 ff.

Wuttke, K.W. (Einflußgrößenrechnung): Kosten-Einflußgrößenrechnung. In: ZfB, 28. Jg. (1958), S. 385 ff.

Young, S.L. (Misapplications): Misapplications of the Learning Curve Concept. In: The Journal of Industrial Engineering, 17. Jg. (1966), S. 410 ff.

Zahl, S. (Problem): An Allocation Problem with Applications to Operations Research and Statistics. In: Operations Research, 11. Jg. (1963), S. 426 ff.

Zäpfel, G. (Instrumente): Fertigungswirtschaftliche Instrumente zur Anpassung der Produktionsmengen bei schwankendem Absatz. In: WiSt, 6. Jg. (1977), S. 523 ff.

Zäpfel, G. (Produktionswirtschaft): Produktionswirtschaft. Operatives Produktions-Management. Berlin, New York 1982.

Zierul, H. (Arbeit): Die menschliche Arbeit in einer dynamischen Produktionstheorie. Köln 1974.

Zschocke, D. (Produktionsmodelle): Produktionsmodelle. In: HWProd, hrsg. v. W. Kern. Stuttgart 1979, Sp. 1557 ff.

Zschocke, D. (Prozeßfunktion): Prozeßfunktion, technische. In: HWB, 4. Aufl., hrsg. v. E. Grochla u. W. Wittmann. Stuttgart 1974, Sp. 3256 ff.